AF566581

Für meine Eltern Eva & Wolfgang

Unsere Vogelwelt

Leander Khil

Heimische Arten
und ihre Geheimnisse
entdecken

Mit Fotografien von
Leander Khil
und Illustrationen von
Szabolcs Kókay

Kapitel drei

94 VIELFALT AM WASSER

Kapitel vier

162 KULTURFOLGER

Kapitel fünf

204 IM KONFLIKT MIT DEM MENSCHEN

JEDEM VOGEL WOHNT EIN ZAUBER INNE

VORWORT

In den bald 30 Jahren, in denen ich nun Vögel beobachte, haben sie mich nie gelangweilt. Das Gegenteil ist der Fall: Mit jeder Sichtung stieg mein Interesse. Mit jeder Beobachtung haben sich neue Fragen aufgetan und sich mir bis dahin verborgen gebliebene Details offenbart. Ich genieße immer noch jede Möglichkeit, zum Fernglas zu greifen, um so ein Federtier – und sei es »nur« ein Haussperling – genau zu mustern.

Zuerst fasziniert die bloße Erscheinung eines Vogels: die Farben und Muster des Gefieders, die Formenvielfalt von Habitus, Schnabel, Flügeln, Schwanz und Beinen. Dann fällt auf, wie sich diese Vielfalt in verschiedene Lebensräume einfügt. Dass verschiedene Wasservögel nicht zufällig auf dem See verteilt schwimmen und an den Ufern entlanglaufen. Sondern dass sich jede Art genau dort aufhält, wo sie ihre Anpassungen perfekt zum Einsatz bringen kann. Unweigerlich reflektiert man dann, wieso manche Arten seltener sind als andere, worin Gefahren und Bedrohungen liegen könnten und welche Strategien Vögel anwenden, um ihnen zu entgehen. Die sorgfältige Betrachtung der Natur macht uns zu sensibleren Menschen. Durch die omnipräsente Vogelwelt eröffnen sich uns ökologische Zusammenhänge – und wir sehen klarer, was mit unserer Umwelt geschieht. Dass ein durch die Klimaerwärmung früher einsetzender Frühling das Aufkommen und Abklingen von Insektendichten vorzieht, wodurch manche Zugvögel den Höhepunkt der Verfügbarkeit ihrer Nahrung verpassen. Oder dass moderne Ackerlandschaften zwar reiche Ernten einfahren, gleichzeitig aber zu den vogelärmsten Lebensräumen verkommen sind. Es gibt so viele Aspekte der Vogelwelt, die mich faszinieren. Aber diese ihre Eigenheit, sofort unsere Aufmerksamkeit zu erregen und sie dann auf so viele andere, mit ihnen verknüpfte Lebewesen, Habitate und Umweltressourcen zu lenken, schätze ich besonders. Sie macht Vögel zu ungemein wertvollen Botschaftern für den Naturschutz.

01

01 Vögel zu beobachten entschleunigt und bringt uns wieder in Kontakt mit der Natur. Rotfußfalke mit Beute.

—

02 Feinheiten in der Wahl des Lebensraumes werden durch genaue Betrachtung sichtbar. Blutspechte bevorzugen lockere Baumbestände, Einzelbäume und Alleen – Waldbereiche, wie sie der Buntspecht liebt, werden von ihnen gemieden.

—

03 Die Beobachtung eines seltenen »Irrgastes« ist für manche die Krönung nach unzähligen Stunden im Feld. Hier gerät ein nordamerikanischer Grasläufer (oben) im burgenländischen Seewinkel mit einem Kampfläufer aneinander.

Mein Blick auf die Natur und Vogelwelt hat sich oft verändert – und wird das sicher weiter tun. Die Referenz auf Hermann Hesses Stufen sei mir verziehen. Als Kind habe ich in meine Notizbücher Entwürfe von Volieren gezeichnet und auch viele Jahre lang Vögel zu Hause halten und züchten dürfen. Als Teenager war es mir eine Weile lang wichtig, möglichst viele verschiedene Vogelarten zu sehen, um in einer Bestenliste oben mitzumischen. Und obwohl mir die »Jagd« nach (für mich) neuen Vogelarten immer noch gelegentlich Adrenalin ins Blut zu jagen vermag, drängten zum Glück bald Fragen über ihre Lebensweise, zur Funktion der Vögel in verschiedenen Ökosystemen und der Unterscheidung ähnlicher Arten und Unterarten in meinen Fokus. Die Fotografie begleitet mich fast gleich lange wie die Vogelwelt. Und auch mein fotografischer Fokus, die Art und Weise Vögel zu porträtieren, hat sich in dieser Zeit gewandelt. Eines hat sich aber nie verändert: die Faszination, die jedes einzelne Vogelindividuum auf mich ausübt. Schnell komme ich beim Anblick einer prächtigen Stockente wieder zurück zum Anfang. In das einfache Staunen über die Schönheit und Vielfalt dieser Tiere. Ich hoffe, dieses Buch wird seine Intention erfüllen und bei Lesern und Betrachtern Ähnliches bewirken. — **Leander Khil**

03

02

In diesem Buch finden sich Aufnahmen aus dem Zeitalter digitaler Spiegelreflexfotografie (2005–2021), die mit Brennweiten zwischen 16 und 600 Millimeter aufgenommen wurden. Einzelne Bilder stammen von anderen Fotografen (siehe S. 240).

Anmerkungen zur Verbreitung einzelner Vogelarten beziehen sich auf Mitteleuropa.

Für Anmerkungen zum Kapitel »Im Konflikt mit dem Menschen« danke ich Hans-Martin Berg und Matthias Schmidt.

Wird im Text zur besseren Lesbarkeit nur die männliche Form verwendet, ist die weibliche stets mitgemeint.

Die Steppenmöwe wird erst seit rund 20 Jahren als eigene Art angesehen. Zuvor wurde sie als Unterart von Mittelmeer- bzw. Silbermöwe betrachtet, denen sie durchaus ähnlich sieht. Ins Blickfeld von Vogelbeobachtern rückte die »neue« Spezies auch wegen ihrer rasanten Ausbreitung, aus Ost- nach Mittel- und Westeuropa. In Deutschland brütet sie bereits, und vielleicht siedelt sie sich demnächst auch in Österreich und der Schweiz an.

Die Klimaerwärmung drängt Arten, die schlechter mit steigenden Temperaturen zurechtkommen, weiter nach Norden. Die Dreizehenmöwe, ein Brutvogel der Atlantikküste, hat in den letzten Jahrzehnten Brutgebiete am Südrand ihres Verbreitungsgebietes geräumt.

Kaum eine Verbreitungsänderung ist in Mitteleuropa so flächendeckend zu beobachten, wie die Rückkehr des Kolkraben ins Flachland. War sein Auftreten, nach Jahrzehnten menschlicher Verfolgung, lange auf große (Berg-)Wälder beschränkt, ist er nun wieder in einer Vielzahl von Lebensräumen zu finden.

Winterliche Beobachtungen des Hausrotschwanzes in Mitteleuropa waren noch in den 1980er-Jahren eine Seltenheit. Wie viele andere Kurzstreckenzieher auch, überwintert dieser Singvogel dank milderer Temperaturen nun aber in beträchtlicher Zahl.

Die Bestände des Kranichs haben sich in den letzten Jahrzehnten deutlich vergrößert und sogar neue Zugrouten haben sich etabliert. Seit etwa 15 Jahren ziehen Tausende Kraniche vom Rastplatz in Ostungarn weiter nach Österreich und von hier weiter nach Südwesteuropa. Mit den Kranichen fliegen einzelne Graugänse.

↓

Vögel beobachten

WANDERFALKE

—

Falco peregrinus

DIE AUSRÜSTUNG DES VOGEL-BEOBACHTERS

Nur wenige Ausrüstungsgegenstände sind nötig, um in die Welt der Vögel einzutauchen. Mit Bestimmungsbuch und Fernglas ist man bereits gut gerüstet. Bevor man sich teure optische Geräte anschafft, sollte man verschiedene Modelle testen.

Um Vögel wahrzunehmen, braucht es nichts als Augen und Ohren. Um sie aber zu beobachten, sprich um Gefiederdetails, die auch zur richtigen Bestimmung wichtig sind, und Feinheiten des Verhaltens erkennen zu können, ist in der Regel ein **Fernglas** nötig. Immer um den Hals gehängt, ist es der wichtigste Begleiter und gleichermaßen auch ein »Feldkennzeichen« der Vogelbeobachter. Ferngläser gibt es in allen Preisklassen von wenigen bis zu wenigen Tausend Euro. Es muss sicher zu Beginn nicht das Teuerste sein, vor allem, wenn man erst einmal in die Welt der Vögel hineinschnuppern will. Wer der Faszination der Vogelbeobachtung erliegt, erkennt aber bald die Vorzüge der hochpreisigen Produkte. Verarbeitung, Langlebigkeit, Service und nicht zuletzt beste, optische Qualität machen sich bezahlt, wenn man das Fernglas oft benutzt. Auf jedem »Feldstecher« sind die zwei wichtigsten Kenngrößen vermerkt (z. B. 10×32). Der erste Wert gibt die Vergrößerung an, wobei unter Vogelbeobachtern besonders 8- und 10-fache Vergrößerung beliebt sind. Die zweite Zahl steht für den Objektivdurchmesser (z. B. 32 oder 42 mm). Dieser ist ein (aber nicht das einzige) Maß für die Lichtstärke und lässt darauf schließen, wie gut man mit dem Fernglas auch bei schlechten Lichtverhältnissen sieht. Wer häufig vor Sonnenaufgang oder nach Sonnenuntergang beobachtet, muss einen größeren Objektivdurchmesser in Betracht ziehen. In den allermeisten Fällen reichen aber Geräte mit 32 mm, die zudem leichter, kleiner und günstiger sind. Ferngläser mit einem Objektivdurchmesser jenseits der 42 mm (z. B. schwere Modelle mit 50 mm) sind für die Anwendung in der Dämmerung gedacht und machen für Jäger am Hochstand Sinn, weniger aber für Vogelbeobachter. Ein kostspieliges **Spektiv** (Beobachtungsfernrohr) samt Stativ legen sich viele Birdwatcher erst nach einigen Jahren zu. Vor allem in offenen Lebensräumen, wo Beobachtungen auf große Distanz möglich sind, kann man dank der stärkeren Vergrößerung dieser Geräte (meist bis zu 60-fach) Vögel in Entfer-

Mit Fernglas, Spektiv und Fotokamera ist man für alle Fälle gerüstet.

nungen bestimmen, für die das Fernglas nicht mehr ausreicht. Wo die Vegetation die Sichtweite ohnehin beschränkt (z. B. im Wald), ist ein Spektiv in der Regel nicht nötig.

Ein gutes **Bestimmungsbuch**, das auf die Region zugeschnitten ist, in der man sich aufhält, darf ebenfalls nicht fehlen. Einige populäre Titel umfassen gleich alle Vögel Europas. Die Fülle der Arten in diesen Werken kann es aber schwierig machen, die richtige zu finden. Zudem gehen die Texte nur oberflächlich auf Verbreitung und Lebensraum ein. Bestimmungsbücher, die auf ein kleineres Gebiet (z. B. nur ein Land) zugeschnitten sind, liefern detailliertere Informationen. Beachten Sie außerdem die Anzahl der Abbildungen: Es braucht unbedingt mehrere Bilder pro Art, weil sich das Aussehen vieler Vogelarten mit dem Alter oder im Jahreslauf verändert.

Zum unverzichtbaren Utensil hat sich auch bei der Vogelbeobachtung das **Smartphone** entwickelt. Denn das Handy vereint zahlreiche Funktionen, die im Feld nützlich sind. Viele Beobachter erfassen ihre Sichtungen bereits am Smartphone, indem sie Daten gleich direkt in die App *NaturaList* der nationalen Vogelbeobachtungsportale (*www.ornitho.at/.de/.ch*) eintragen. Wenn Sie auch auf Reisen einen Überblick über Ihre Beobachtungen behalten wollen, nutzen Sie *ebird*. Unbekannte Vogelstimmen können mit der Diktierfunktion des Geräts aufgenommen werden, um sie später zu bestimmen. Und sogar das Anfertigen von Belegfotos besonderer Beobachtungen gelingt mit dem Handy, indem man (mit speziellem Adapter oder auch ohne) durch Fernglas oder Spektiv fotografiert. Viele hilfreiche Apps können das Beobachtungserlebnis verbessern: Manche Bestimmungsbücher existieren als digitale Ausgabe für das Mobiltelefon (oft erweitert um Tonaufnahmen – ein echter Vorteil), es gibt Programme zur automatischen Bildbestimmung (z. B. *Photo ID* in der App *Merlin*) und eigene Datenbanken für Vogelstimmen (z. B. *Aves Vox*, nur auf Englisch).

Wer lieber ohne Smartphone auskommt, muss stattdessen zumindest ein **Notizbuch** mitführen. Beobachtungen sollten notiert und anderen (über oben genannte Portale) zugänglich gemacht werden. Davon profitieren Vogelschutz, Forschung, andere Beobachter und nicht zuletzt man selbst. Denn die öffentlich zugänglichen, von vielen Tausenden Meldern mit Vogelbeobachtungen gefütterten Datenbanken dienen Beobachtern auch als Informationsquelle, um zum Beispiel die nächste Exkursion dorthin zu planen, wo interessante Arten gesichtet wurden.

Da starke Teleobjektive mittlerweile leistbar geworden sind, gehört auch eine **Fotoausrüstung** zur Ausstattung der allermeisten Vogelbeobachter. Manchmal hat man (leider) bereits das Gefühl, dass Bilder wichtiger geworden sind als bloße Beobachtungen. Beobachtungsoptik oder Fotokameras mit eingebauter Fototechnik könnten dem Fernglas bald den Rang ablaufen. Das kommt nicht von ungefähr: Wer einen unbekannten Vogel später bestimmen will, hat mit einem Belegbild ungleich höhere Erfolgschancen. Auf Fotos werden oft Details sichtbar, die man während der Beobachtung gar nicht wahrgenommen hat. Und auch ein gewisser »Jagdinstinkt« wird durch das bleibende Resultat des Bildes (oder Videos), das auch später noch betrachtet, archiviert oder im Internet geteilt werden kann, befriedigt. Egal ob Spiegelreflex-, spiegellose oder Bridge-Kamera: Ein starkes Teleobjektiv (ab ca. 400 mm Brennweite aufwärts) mit schnellem Autofokus ist für Vogelaufnahmen ein Muss.

Ebenso wichtig wie selbstverständlich ist die geeignete Bekleidung: Lange Hosen bewähren sich gegen kratzige Vegetation und Insektenstiche, eine Kopfbedeckung sollte immer mitgeführt werden und (wasser)festes Schuhwerk ist für komfortable Beobachtungstouren essenziell. —

Ein Spektiv (hier mit Schrägeinblick) ist vor allem in Lebensräumen mit freier Sicht über große Distanzen, zum Beispiel an Gewässern, nützlich.

WANN & WO?

Dass man Vögel (fast) immer, überall und auch ohne Hilfsmittel beobachten kann, gehört zu den schönsten Seiten dieses naturkundlichen Betätigungsfeldes. Wenn Sie aber wissen, wo sich Vögel besonders gerne aufhalten, wann man sie antrifft und wie sie am besten beobachtet werden können, werden Sie die Zeit Ihrer Exkursion besser nutzen – und das Erlebnis wird noch schöner und erfolgreicher.

Das Klischee des Ornithologen, der immer sehr früh morgens hinausmuss, hat seine Berechtigung. Zwar lassen sich Vögel zu jeder Tageszeit beobachten und es ist unmöglich vorherzusehen, wann eine besonders spannende Sichtung gelingen wird. Dennoch zeigen viele Arten einen Aktivitätshöhepunkt in den **ersten Stunden des Tages**. Auf der Suche nach Nahrung oder beim Verlassen der Schlafplätze können wir sie leichter entdecken, als wenn die Vögel es – während der Mittagsstunden – ruhiger angehen. Auch der Reviergesang und damit verbundene Streitigkeiten unter Nachbarn erwecken vor allem in der Früh unsere Aufmerksamkeit. Eine zweite aktive Phase zeigen tagaktive Vögel am Nachmittag oder abends. An den Tagesrandzeiten, wenn die Sonne tiefer steht, ist auch die visuelle Qualität der Beobachtungen höher. Farben erscheinen kräftiger und wenn die Luft nicht flimmert, sehen wir durch Fernglas und Spektiv ein klareres Bild – besonders auf größere Distanzen. **Nachts** sind unsere Beobachtungsmöglichkeiten naturgemäß eingeschränkt. Manche Arten (z. B. Eulen, Ziegenmelker, Triel, Rallen und manche Singvögel wie Nachtigall und Sprosser, verschiedene Rohrsänger oder Schwirle) können wir aber ganz überwiegend oder auch dann – in erster Linie akustisch – feststellen. Bei **Wind** sind vor allem Kleinvögel schwieriger zu sehen. Sie halten sich dann in Gebüschen auf, sitzen seltener exponiert und singen weniger. Auch für uns Menschen ist es dann oft ungemütlicher und die Verwendung eines stark vergrößernden Spektivs gestaltet sich aufgrund der Vibrationen schwierig. Ein stabiles Stativ samt gutem Stativkopf ist immer, unter windigen Bedingungen aber ganz besonders zu empfehlen. Auch bei **Regen** finden wir weniger Vögel, vor allem, weil sie dann weniger umherfliegen und oft geschützt auf besseres Wetter warten. Andererseits können plötzlich einsetzende Niederschläge überfliegende Vögel zur Landung zwingen und so bieten Regenphasen, besonders während starker Zugzeiten im Frühling und Herbst, gute Chancen auf überraschende Gäste, besonders an Gewässern. —

01 Große Greifvögel wie der Schelladler benötigen warme Aufwinde, um größere Strecken zu fliegen. Erst im Lauf des Vormittags sieht man sie am Himmel kreisen.

—

02 Nachtaktive Arten wie die Waldohreule kann man vorwiegend akustisch feststellen. Mit Glück begegnet man ihnen auch an ihrem Tagesunterstand – wo wir jede Störung vermeiden sollten.

—

03 In den ersten Stunden des Tages ist die Vogelaktivität am höchsten. Durch Gesang steckt dieser männliche Halsbandschnäpper akustisch sein Revier ab.

01

02

03

Vor allem Kleinvögel meiden windige Bedingungen. Ganz anders viele Seevögel: Der Corysturmtaucher genießt die steife Brise, die ihm eine energiesparende Flugweise ermöglicht. Für Beobachter ergeben sich bei starkem, auflandigem Wind die besten Bedingungen zum »Seawatching« – stabiles Stativ vorausgesetzt.

Wasservögeln, wie diesem brütenden Stelzenläufer, steht bei Regen kein schützendes Blätterdach zur Verfügung. Vor allem Singvögel suchen bei solchem Wetter aber Schutz und sind dann schwer zu finden.

DIE VOGELWELT IM JAHRESLAUF

Ein Großteil der heimischen Vogelarten zeigt Zugbewegungen, verbringt also nicht das ganze Jahr am selben Ort. Dadurch treffen wir, egal wo wir Vögel beobachten, zu jeder Jahreszeit auf andere Vogelarten.

Die Abfolge des Vogeljahres kennenzulernen, versorgt den Beobachter über lange Zeit mit spannenden Erkenntnissen. Während man die Grundzüge dieses Systems ergründet, steigt die Sensibilität für Veränderungen. Nichts ist in Stein gemeißelt und Vögel passen sich ständig – wie auch die gesamte Tier- und Pflanzenwelt – an wechselnde Bedingungen an. Aktuell fällt einem hier die Klimaerwärmung ein, die auch in der Vogelwelt durch Verschiebungen zeitlicher Abläufe und Verbreitungsmuster gut dokumentiert ist. Arten wie die Mönchsgrasmücke, die Singdrossel oder die Ringeltaube, die vor wenigen Jahrzehnten noch strikte Zugvögel waren, können mehr und mehr auch im Winter bei uns gefunden werden. Wärmeliebende Arten wandern zunehmend bei uns ein, manche Gäste aus dem Norden erreichen dafür seltener unsere Breiten. Auch ein sich änderndes Angebot von Nahrung und Lebensraum oder das Auftreten beziehungsweise Fehlen von Fressfeinden oder menschlicher Verfolgung können Treiber solcher Veränderungen sein.

Die meisten Vogelarten, die auf Insekten oder andere Nahrung angewiesen sind, die sie bei uns im Winter schwer finden, verlassen im Herbst (noch) unsere Breiten. Das betrifft sehr viele Sing- und Watvögel, aber auch einige Reiher, Greifvögel und Falken, die Segler, Seeschwalben, den Kuckuck, auch einzelne Tauben, Enten, Hühnervögel, Spechte, Eulen und viele mehr. Andere Artengruppen finden in Mitteleuropa hingegen hervorragende Winterquartiere: Viele Enten und Gänse, Greifvögel und vor allem samenfressende Singvögel aus Sibirien oder Skandinavien erreichen hier das Südende ihres Zugweges. Andere wiederum brüten ebenfalls weiter nördlich, überwintern aber nur in Südeuropa oder Afrika. Diese Arten treffen wir als Durchzügler an, sie verbringen also nur kurze Zeiträume auf ihren Zugwegen bei uns.

Im **Frühling** sind Vögel besonders auffällig und leicht zu beobachten. Sommergäste und Durchzügler kehren in großer Zahl aus dem Süden zurück. Sie und die sogenannten Standvögel,

01

01 Die gelben Tupfen, die im Frühling wieder über Ackerflächen laufen, sind Schafstelzen. Sie haben in Afrika überwintert und kehren ab Ende März zurück. Viele von ihnen ziehen noch weiter und rasten nur kurz.

—

02 Kampfläufer sind in Mitteleuropa nur als Durchzügler auf der Reise zwischen Afrika und dem hohen Norden zu sehen. Ihre Brutgebiete erreichen sie erst Ende Mai. Davor rasten sie auch an heimischen Gewässern.

—

03 Die Schneeammer überwintert recht nahe an ihren skandinavischen Brutgebieten, vorzugsweise an den Küsten von Nord- und Ostsee. Ins Binnenland Mitteleuropas kommt sie nur in kleiner Zahl, besonders nach Kälteeinbrüchen.

02

die auch über den Winter hiergeblieben sind, treten in das Brutgeschäft ein: Sie singen, balzen und suchen Nistplätze. Dabei werden Orte wiederbesiedelt, an denen im Winter kaum Vögel zu sehen waren. Denn wer sich für die kalte Jahreszeit zu Gruppen zusammengeschlossen hat, löst diese jetzt wieder auf. Paare bilden sich und besetzen Reviere, wohin man schaut. Neben den auffälligen Verhaltensweisen der Paarungszeit, die nicht nur die Aufmerksamkeit potenzieller Fortpflanzungspartner, sondern auch jene der menschlichen Betrachter auf die Vögel lenken, bringt der Frühling noch andere Vorteile: Den Bäumen fehlt das Laub, Gras und Kulturpflanzen sind noch niedrig. Wir können Vögel also leichter entdecken als später im **Sommer**. Dann haben die meisten Arten Jungvögel zu betreuen, deren Bettelrufe wir wahrnehmen. Die Fütterungsaktivität der Altvögel bleibt uns ebenfalls nicht verborgen. Neben der dichten Vegetation sind auf Beobachtungsexkursionen auch die langen Tage zu berücksichtigen. Die Sonne geht sehr früh auf und spät unter, wodurch zwei stärker voneinander getrennte Aktivitätsphasen (am Morgen und am Abend) entstehen. Die Mittagszeit ist von Hitze und damit verbundenem Luftflimmern, sowie von Ruhephasen der Vögel geprägt. Vogelbeobachter können in dieser Zeit – wie die Vögel auch – eine längere Mittagspause einlegen. Nicht erst im **Herbst**, sondern bereits im Hoch- und Spätsommer beginnt die Zeit des Wegzugs, also der nach Süden gerichteten Wanderbewegungen sehr vieler Vogelarten. Besonders jene, die bis ins südliche Afrika fliegen, verlassen unsere Breiten oft schon im August und September. Diese Zeit ist der zweite Höhepunkt im Vogeljahr, zumindest wenn man es auf eine Vielzahl an Vogelarten und -individuen abgesehen hat. Nie gibt es mehr Vögel zu entdecken, da neben den Altvögeln nun auch die neue Generation zu sehen ist. Die Jungvögel sind es, die sich oft besonders präsentieren, da ihnen die Erfahrung der Eltern und häufig auch noch die Scheu vor dem Menschen fehlt. Im **Winter** ist die Artenvielfalt geringer als zu anderen Jahreszeiten. Das liegt einfach daran, dass mehr Arten in den Süden aufbrechen, als aus dem Norden nachrücken. Dennoch finden wir in den kältesten Monaten vieles, das sich nur dann beobachten lässt. Hochnordische Wintergäste, die den unwirtlichen Bedingungen des arktischen Winters entfliehen, ersetzen zum Teil die abgezogenen Arten. Am Futterhaus geht es jetzt besonders heiß her, und es ergeben sich ideale Vergleiche ähnlicher Arten. Und nicht zuletzt ist das Laub jetzt wieder gefallen und Vögel, die in Bäumen stehen, sind wesentlich leichter zu entdecken. —

03

VOGEL-BESTIMMUNG

Eine Kohlmeise von einer Amsel zu unterscheiden, ja, das ist leicht. Die Vielfalt der Vögel, die auch sehr ähnliche Arten umfasst, hält für den Beobachter aber viele Herausforderungen bereit. Grünspecht oder Grauspecht, Zilpzalp oder Fitis? Da wird es schon deutlich schwieriger. Und wer dann bis zur Bestimmung von großen Möwenarten in all ihren unterschiedlichen Alterskleidern vordringt (siehe S. 116), ist im Olymp der Vogelbestimmung angekommen.

Der erste Blick sollte bei einem unbekannten Vogel auf **Kopf und Flügel** fallen. An diesen Körperteilen finden wir besonders viele Merkmale, die für die Artbestimmung oft schon ausreichen. Die charakteristische Holle (die dünne Federlocke am Kopf) des Kiebitz oder das blaue Flügelfeld des Eichelhähers schließen andere Arten sicher aus. Dann betrachten wir den Vogel von oben nach unten und versuchen, möglichst viele Details zu sehen (und zu notieren). **Größe und Gestalt** helfen bei der Bestimmung vor allem im Vergleich zu anderen Arten, die sich vielleicht in unmittelbarer Nähe aufhalten. Singdrossel und Misteldrossel sind ähnlich gefärbt. Der Größenvergleich zur Amsel hilft aber weiter: Singdrosseln sind immer kleiner und zierlicher, Misteldrosseln immer größer und plumper als die »Schwarzdrossel«, wie die Amsel manchmal auch genannt wird.

Das **Farbmuster**, also die grobe Verteilung von farbigen Bereichen, ist oft ebenfalls bereits ausreichend, um sich der Bestimmung sicher sein zu können. Hier ist es wichtig, sich nicht nur einen auffälligen Bereich zu merken, sondern den ganzen Körper zu betrachten. Sehen Sie genau hin, von wo bis wo ein Farbfeld, ein Streifen oder eine Strichelung reicht. Wenn Sie nur die orange Brust eines kleinen braunen Singvogels beachten, lässt sich nicht einmal sicher sagen, ob Sie ein Rotkehlchen oder das Männchen eines seltenen Zwergschnäppers gesehen haben. Mit der Information, dass die orange Färbung auch das Auge und die Stirn erreicht, wird die Sache klar: Es war ein Rotkehlchen. Ein »gelblicher Kleinvogel mit Finkenschnabel« könnte – ohne genaues Augenmerk auf die Farbverteilung auf Kopf und Flügeln – ein Erlenzeisig, ein Girlitz, ein Grünling oder im Gebirge sogar ein Zitronenzeisig gewesen sein.

Womit wir beim nächsten, wichtigen Merkmal sind: der **Lebensraum**. Dank ihrer Flugfähigkeit können Vögel zwar recht mühelos große Strecken zurücklegen und durchaus auch an Orten auftauchen, wo sie üblicherweise nicht zu sehen sind. In der Regel halten sie sich aber an ganz bestimmte Landschaften, Vegetationstypen oder Höhenstufen. Die Unterscheidung von Weidenmeise und Sumpfmeise ist anfangs eine der ganz großen Aufgaben für Vogelbeobachter. Der Lebensraum hilft zumindest in manchen Fällen weiter: Im Bergwald finden wir nur Weidenmeisen.

Das blau-schwarze Flügelfeld des Eichelhähers ist so einzigartig, dass dieses eine Merkmal genügt, um ihn sicher zu bestimmen. Bei den meisten anderen Arten müssen für eine sichere Zuordnung aber weitere Kennzeichen gesehen werden.

Auf den ersten Blick sehen sich Singdrossel (links) und Misteldrossel zum Verwechseln ähnlich. Hat man Vergleichsmöglichkeiten, bieten sich Größe und Gestalt als Bestimmungshilfe an: Die Misteldrossel ist größer und plumper, die Singdrossel aber kleiner und schlanker als die Amsel.

Eine orange Brust haben sowohl Rotkehlchen (links) als auch das Männchen des Zwergschnäppers. Nur wenn man die Ausdehnung der Färbung beachtet, hilft dieses Merkmal bei der Bestimmung.

Die Rohrdommel (links) und die Jungvögel des Nachtreihers werden aufgrund ihrer ähnlichen Färbung manchmal verwechselt. In der Wahl ihres Lebensraumes überschneiden sich diese beiden kleinen Reiherarten aber kaum: Rohrdommeln halten sich immer in oder in unmittelbarer Nähe zu Röhricht auf. In Büschen und Bäumen sitzen sie, ganz anders als der Nachtreiher, aber nie.

Die Sumpfmeise bleibt immer im Tiefland (wo je nach Region auch Weidenmeisen auftreten können). Ob das nun ein Steinkauz oder ein Sperlingskauz im Weingarten war? Mit an Sicherheit grenzender Wahrscheinlichkeit ersterer, denn der Sperlingskauz hält sich fest an (meist höher gelegene) Wälder. In Bestimmungsbüchern wird auch angeführt, zu welcher **Jahreszeit** sich gewisse Vogelarten in Europa aufhalten und wann sie in aller Regel nicht hier zu sehen sind. Diese Information erleichtert zum Beispiel die Entscheidung, ob es sich bei einer Winterbeobachtung um einen Mäusebussard oder einen Wespenbussard gehandelt haben könnte. Während ersterer ganzjährig in Mitteleuropa zu sehen ist, kommen Winternachweise des Wespenbussards, der die kalten Monate im tropischen Afrika verbringt, nie vor.

Wer auch die **Lautäußerungen** der Vögel kennenlernt, hat bei der Bestimmung ein Ass im Ärmel. Viele Vögel fallen uns überhaupt erst wegen ihrer Rufe und Gesänge auf, oft noch bevor wir sie zu Gesicht bekommen. Zudem helfen diese akustischen Merkmale bei der Unterscheidung von Zwillingsarten (beispielsweise bei Gartenbaumläufer und Waldbaumläufer), die wir visuell nur sehr schwer auseinanderhalten können. Wenn Sie die Stimmen der Vögel kennenlernen wollen, fangen Sie mit den oft sehr typischen, lautstark vorgetragenen Gesängen im Frühjahr an. Bald werden Ihnen die Melodien der häufigen Arten, wie Buchfink oder Stieglitz, geläufig sein. Kuckuck, Zilpzalp und einige andere sind sogar nach dem Klang ihres Gesanges benannt. Früher oder später werden Ihnen dann Arten auffallen, die ähnlich, aber doch etwas anders klingen als die bisher verinnerlichten. Der Gesang der Singdrossel ähnelt in Stimmfarbe und Volumen durchaus dem der sehr häufigen Amsel. Wenn Sie diese aber gut kennen, bemerken Sie die ständigen Wiederholungen kurzer Motive, die so typisch für die Singdrossel sind. Diese Reviergesänge der Singvögel bekommen wir vor allem zur Brutzeit, im Frühling und Sommer zu hören. Ganzjährig äußern Vögel – auch solche die gar keinen Gesang besitzen – zudem verschiedene Rufe. Diese erfüllen verschiedenste Kommunikationszwecke und sind kürzer als Gesänge. Leider ähneln sich die Rufe vieler Arten und es braucht schon deutlich mehr Zeit, eine große Zahl von ihnen zu erlernen. Aber die Mühe lohnt sich: Anhand des Flugrufes können wir Wiesenpieper und Baumpieper leicht auseinanderhalten, auch wenn wir den Vogel schlecht oder gar nicht sehen. —

Ein Blick ins Bestimmungsbuch verrät, in welchen Monaten eine bestimmte Vogelart bei uns zu erwarten ist. Eine Stelze mit gelber Unterseite, die sich im Winter am Flussufer zeigt? Schon allein die Jahreszeit legt nahe, dass es sich um eine Gebirgsstelze handelt.

Manche Vogelarten, wie die Wasserralle, verlassen kaum einmal die Deckung. Wenn man ihre Stimmen aber kennt, gelingt zumindest der akustische Nachweis. Und irgendwann klappt es dann auch mit der Sichtung.

WAS IST WAS AM VOGEL?

BAUMPIEPER
–
Anthus trivialis

SCHWARZKOPF-MÖWE

–

Ichthyaetus melanocephalus

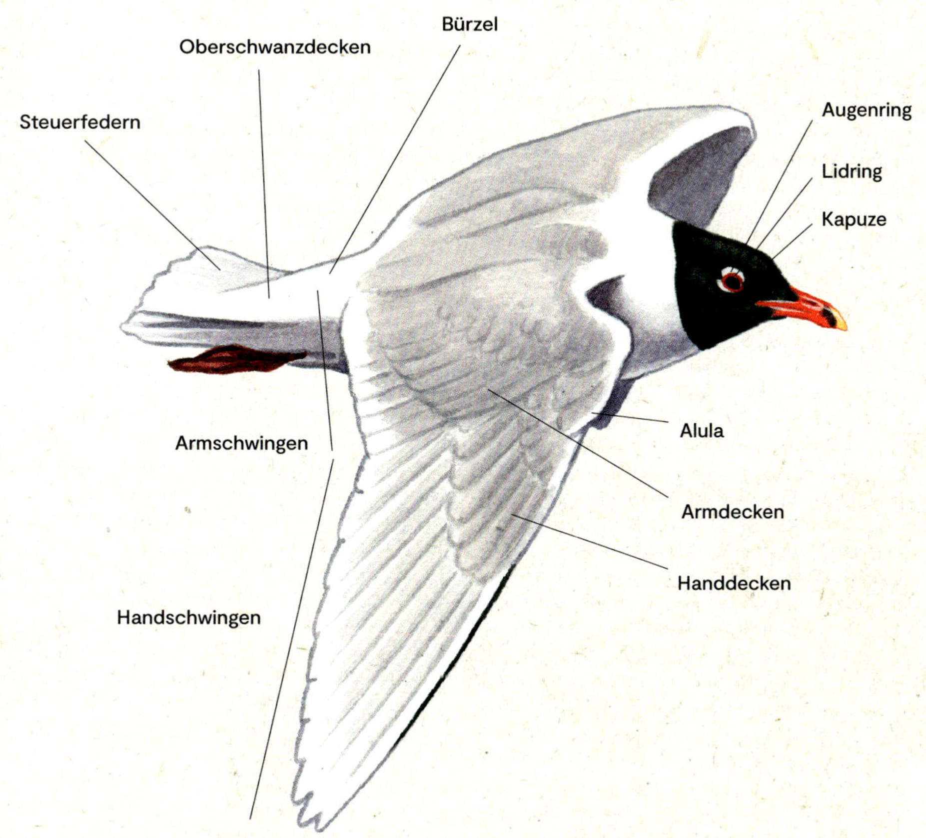

FACHBEGRIFFE AUS DER VOGELWELT

1. Sommer, 2. Sommer
Erstes Sommerkleid: manchmal durch Teilmauser angelegtes Kleid, das auf das erste Winterkleid folgt, bzw. Bezeichnung für das Gefieder nach dem ersten Winterkleid (2. Kalenderjahr). Zweites Sommerkleid: folgt auf das zweite Winterkleid.

1. Winter, 2. Winter
Erstes Winterkleid: Federkleid, das bei vielen Arten (je nach Mauserstrategie!) durch Wechsel des Kleingefieders auf das Jugendkleid folgt und im ersten Winter des Lebens eines Vogels getragen wird. Wird häufig im folgenden Sommer ersetzt. Zweites Winterkleid: folgt auf das erste Sommerkleid und wird durch Teil- oder Vollmauser angelegt.

adult
Ausgefärbt, erwachsen. Das Adultkleid (Alterskleid) ist jenes, das ab einem gewissen Alter Jahr für Jahr erneuert wird, sich aber optisch nicht mehr bedeutend verändert.

Alula
Auch Daumenfittich; Gruppe kleiner, steifer Federn am Flügelbug bzw. Daumen, die im Flug besonders dem Manövrieren dienen.

Armflügel
Körpernaher Teil des Flügels.

Armschwingen
Großgefieder des Armflügels, siehe Schwungfedern.

Art
Nach unterschiedlichen Kriterien abgegrenzte Gruppe von Populationen, deren Individuen sich (theoretisch) nur mit Mitgliedern der eigenen Art fortpflanzen.

Ästling
Nicht flügger Jungvogel (v. a. bei Greifvögeln und Eulen), der bereits das Nest verlassen hat.

Augenring
Befiederter Ring um das Auge, manchmal farblich kontrastierend.

Brutvogel
Ein Brutvogel eines bestimmten Gebietes ist eine Vogelart, die dort auch brütet.

Dunen, Daunen
Weiche, simpel gebaute Federn ohne festen Schaft, die überwiegend der Wärmeisolation dienen. Das erste Federkleid eines Kükens bilden ausschließlich Dunen. Altvögel tragen Dunen unterhalb der Konturfedern.

Durchzug
Auftreten von Arten oder Individuen, die in einem Gebiet nicht brüten, z. B. während der Wanderung zwischen Brutgebiet und Winterquartier.

Finger
Einzeln erkennbare Spitzen der längsten Handschwingen bei großen Vögeln im Flug (v. a. Greifvögel).

Flügelbinde
Durch andersfarbige Spitzen der Flügeldecken gebildetes Band.

Flügeldecken
Sammelbegriff für die in Reihen angeordneten Hand- und Armdecken, die z. B. die Schäfte der Schwungfedern überdecken.

GIRLITZ
–
Serinus serinus

Flügelstreif
Durch andersfarbige Basen der Schwungfedern gebildetes Band.

Gesang
Lautäußerung, die v. a. der Revierabgrenzung und der Partnerwerbung dient. Bei Vögeln auf der Nordhemisphäre v. a. von Männchen vorgetragen.

Gonyseck
Markantes Eck am Unterschnabel nahe der Schnabelspitze, z. B. bei Möwen und Seeschwalben. Manchmal farblich kontrastierend (»Gonysfleck«).

Großgefieder
Sammelbegriff für Schwung- und Schwanzfedern. Teil des Konturgefieders neben dem Kleingefieder.

Habitus
Gesamteindruck (z. B. Proportionen, Körperhaltung, Bewegungsweise) eines Vogels.

Handflügel
Körperferner Teil des Flügels.

Handschwingen
Großgefieder des Handflügels, siehe Schwungfedern.

Handschwingenprojektion
Überstand der Handschwingen über die Spitzen der Schirmfedern (am stehenden Vogel).

Hassen
Lautstarkes Aufmerksammachen von Vögeln auf einen Fressfeind (z. B. Greifvogel, Eule) in dessen unmittelbarer Nähe oder Versuche, diesen zu vertreiben.

Hybride
Nachkomme der Kreuzung zweier Arten oder Unterarten.

immatur
Unausgefärbt. Ungenauer Begriff für einen Vogel, der nicht mehr im Jugendkleid, aber noch nicht im Alterskleid ist.

Jugendkleid
Erstes, aus Konturfedern bestehendes Federkleid eines Jungvogels. Wird bei vielen kleineren Arten nur für wenige Wochen nach dem Flüggewerden getragen und bald durch Mauser zumindest teilweise ersetzt. Darauf kann je nach Art das erste Winterkleid oder bereits ein Alterskleid folgen.

juvenil
Im Jugendkleid befindlich.

Kleid
Gefieder zu einem bestimmten Zeitpunkt, wird durch Mauser oder Abnutzung erlangt. Unterschiedliche Altersklassen und Geschlechter tragen häufig unterschiedlich gefärbte Kleider.

Kleingefieder
Gesamtheit der Federn, die der Körperbedeckung dienen (mit Ausnahme der Dunen). Teil des Konturgefieders neben dem Großgefieder.

Konturfedern
Im Gegensatz zu Dunen dichter gebauter Federtyp mit festem Schaft und geschlossener Fahne. Das sichtbare Federkleid flügger Vögel besteht überwiegend aus Konturfedern. Das Konturgefieder wird unterteilt in Klein- und Großgefieder.

Kurzstreckenzieher
Im europäischen Kontext Zugvögel, deren Winterquartiere z. B. in Süd- und Westeuropa sowie in Nordafrika, jedenfalls nördlich der Sahara liegen.

Langstreckenzieher
Zugvögel mit besonders weiten Wanderstrecken, die südlich der Sahara überwintern (vgl. Kurzstreckenzieher).

Lidring
Unbefiederter, schmaler Ring um das Auge.

Mantel
Gefieder oberhalb des Rückens, zwischen den Schulterfedern.

Mauser
Periodischer Wechsel des Gefieders. Kann einzelne Teile oder das ganze Gefieder umfassen.

Morphe
Farbvariante, der ein bestimmter Anteil einer Population angehört.

Nagel
Verdickte Stelle an der Spitze des Oberschnabels (v. a. bei Entenvögeln).

Prachtkleid
Gefieder, das sich meist durch besondere Farben oder Kontraste auszeichnet und von Altvögeln für die Balz- bzw. Paarungszeit angelegt wird.

Rüttelflug, rütteln
Stationäre Flugweise, die dem Ausschauhalten nach Beute dient (z. B. beim Turmfalken).

Schirmfedern
Gruppe der innersten Armschwingen, die am geschlossenen Flügel die übrigen Armschwingen abdecken und daher früher verschleißen.

Schlichtkleid
Im Gegensatz zum Prachtkleid gedeckter gefärbtes Gefieder von Altvögeln, das außerhalb von Balz- und Paarungszeit angelegt wird.

Schwungfedern
Teil des Großgefieders, Sammelbegriff für Arm- und Handschwingen.

Sperlingsvögel
Die artenreichste Vogelordnung (*Passeriformes*), der unter anderem die Singvögel angehören.

Spiegel
Kontrastierend (häufig glänzend) gefärbtes Feld auf den (inneren) Armschwingen, besonders bei Enten.

Spotten
Imitation der Lautäußerungen anderer Arten sowie anderer Geräusche durch ein singendes Männchen.

Standvogel
Vogelart, die ganzjährig im selben Gebiet bleibt.

Tarsus
Der meist unbefiederte Fuß des Vogels, fälschlich oft als »Unterschenkel« wahrgenommen.

Teilzieher
Vogelart, bei der ein Teil der Population das Brutgebiet über den Winter verlässt und ein anderer Teil nicht abzieht.

Tibia
Unterschenkel des Vogels, fälschlich gerne als »Oberschenkel« wahrgenommen. Bei kurzbeinigen Arten überwiegend verborgen.

Tränenstreif
Senkrechter Streifen, der sich vom Auge nach unten zieht (z. B. bei Falken).

Unterart
Geografisch mehr oder weniger abgrenzbare Population einer Art, die sich z. B. optisch, akustisch oder genetisch unterscheiden lässt.

Wachshaut
Unbefiederter Bereich an der Schnabelbasis mancher Vogelgruppen, der auch die Nasenlöcher umgibt.

Warte
Exponierter Sitzplatz eines Vogels.

weibchenfarbig
Individuum, das wie ein Weibchen gefärbt ist, dessen Alter und Geschlecht aber nicht sicher bestimmt werden kann, z. B. da bei manchen Arten die Jungvögel den Weibchen stark ähneln.

Wintergast
Vogelart, die nur im Winter in einem bestimmten Gebiet auftritt.

Zug
Wanderbewegungen von Arten und Populationen, z. B. zwischen Brut- und Winterquartier.

DIE LEICHTESTEN …

~5 GRAMM

Wintergoldhähnchen

Sommergoldhähnchen

~8 GRAMM

Zilpzalp

Beutelmeise

Schwanzmeise

… UND DIE SCHWERSTEN VÖGEL MITTELEUROPAS*

BIS 22 KILOGRAMM

Höckerschwan (mit wissenschaftlicher Halsmarkierung)

BIS 16 KILOGRAMM

Großtrappe

* nicht berücksichtigt sind Rosapelikan (bis 15 kg), Krauskopfpelikan (bis 13 kg) und Mönchsgeier (bis 12 kg), die in Mitteleuropa nur ausnahmsweise auftreten.

BIS 11 KILOGRAMM

Gänsegeier

BIS 7 KILOGRAMM

Bartgeier

Kranich

Seeadler

Kapitel eins

Wald, Park & Garten

GRAUSPECHT

–

Picus canus

IM WALD ZÄHLT DER GESANG

Wälder beherbergen sowohl aus dem Garten gut bekannte, als auch scheue und seltene Vogelarten. Doch sie zu sehen ist in der dichten Vegetation nicht leicht. In keinem anderen Lebensraum sind wir Beobachter so auf die Lautäußerungen der Vögel angewiesen, um sie aufzuspüren.

Strukturreiche Mischwälder gehören zu den vogelartenreichsten Lebensräumen Mitteleuropas. Für eine große Artenvielfalt sind zum Beispiel gut ausgebildete »Stockwerke« (Kraut-, Strauch- und Baumschicht), ausreichend stehendes und liegendes Totholz, sowie alte, höhlenreiche Bäume wichtig. Von der Rotbuche oder Eichen dominierte Wälder würden heute die meisten Flächen unserer Breiten bedecken. Hätte der Mensch den Waldbestand durch Rodung und Aufforstung nicht gehörig neu sortiert, wären Fichtenwälder deutlich seltener zu finden.

Beobachtet man Vögel im Wald, kann man das Spektiv getrost zu Hause lassen. Es ist schon mit dem Fernglas schwer genug, Kleinvögel in den Baumkronen zu verfolgen und auf sie zu fokussieren, bevor sie zum nächsten Ast weitergehüpft sind. Zudem sind die Lichtverhältnisse, wenn man vom Waldboden steil nach oben ins Geäst blickt, meist ohnehin dürftig. Oft erkennt man nur dunkle Silhouetten. Die wichtigste »Ausrüstung« in unübersichtlichen, dicht bewachsenen Lebensräumen ist daher eine gute Kenntnis der Vogelstimmen. Die kann man sich zwar nicht von heute auf morgen zulegen, aber mit jedem Waldspaziergang lernt man etwas dazu (siehe S. 29). Einige häufige Waldvögel sind im Frühling leicht am Gesang zu erkennen: der schmetternde Schlag des Buchfinken, das Lied des Zilpzalps (»zilp-zalp-zilp ...«) oder der Kuckuck sind nicht zu verwechseln. Auch die Kohlmeise singt ein paar typische, immer wiederkehrende Motive (z. B. »zi-zi-bäh«), macht es uns aber dadurch schwer, dass sie zusätzlich noch eine Vielzahl weiterer Laute beherrscht und mitunter andere Vogelarten imitiert. Besonders schöne, melodische Gesänge haben Mönchsgrasmücke, Amsel oder Rotkehlchen. Sie zu unterscheiden gelingt kaum anhand typischer Lautfolgen – dafür sind die Lieder zu komplex. Hier kommt die Stimmfarbe ins Spiel: Amseln singen opernartig getragen; Mönchsgrasmücken fröhlich und hektisch; Rotkehlchen wehmütig, perlend. Der Reviergesang vieler Arten lässt sich durch Eigenheiten charakterisieren oder in Merksätze fassen. Singende Gelbspötter äußern quietschende Elemente, die an eine Badewannenente erinnern und Girlitze klingen wirr und schrill wie eine rostige Fahrradkette. —

Das winzige Sommergoldhähnchen nimmt man fast nur wahr, wenn es durch Gesang oder Rufe auf sich aufmerksam macht. Die extrem hohen Töne sind für manche Menschen aber nur schwer hörbar.

Die einprägsamen Reviergesänge dieser Wald- und Gartenvögel bieten sich als Start zum Kennenlernen von Vogelstimmen an. Prägen Sie sich diese Lieder mithilfe von Tonaufnahmen und *live* draußen in der Natur ein. Durch den Vergleich zu diesen häufigen Stimmen werden Sie schon bald weitere Arten anhand der Lautäußerungen bestimmen können.

Amsel ♂

Buchfink ♂

Kohlmeise

Rotkehlchen

Mönchsgrasmücke ♂

Bergfinken brüten in Skandinavien und treffen als Wintergäste ab September in Mitteleuropa ein. In Jahren mit lokal besonders hohem Angebot an Bucheckern (den Samen der Rotbuche) können sich riesige Massenschlafplätze mit mehreren Millionen Finken bilden. So eine beeindruckende Ansammlung bestand z. B. im Winter 2008/09 über mehrere Wochen bei Feldbach, Steiermark.

Manche Vögel sind im Wald geradezu unsichtbar. Sichtungen der scheuen Hohltaube gelingen, wenn sie offene Flächen überfliegt oder auf Feldern frisst. Ein Blick auf Flügelzeichnung, Schnabel- und Augenfarbe erlaubt die Unterscheidung von »wildfärbigen« Straßentauben (siehe S. 209).

Pirol und Heckenbraunelle kann man häufiger hören als sehen. Letztere exponiert sich immerhin zum Singen, auf einem Gebüsch oder der Spitze eines Nadelbaums. Der auffällige Pirol ist in Laubwäldern gar nicht so selten, er verbirgt sich aber meisterhaft im dichten Laub – Ohren auf!

Dichte Gehölze an trocken-warmen Standorten sind im Sommerhalbjahr die bevorzugte Heimat der Nachtigall. Sie fehlt im Alpenraum weitgehend und wird in den nördlichen Teilen Deutschlands vom sehr ähnlichen Sprosser ersetzt.

Baumfalken brüten zwar im Wald, man begegnet ihnen aber fast nur außerhalb, wo sie in rasantem Flug – gerne in der Dämmerung – beispielsweise nach großen Insekten oder Schwalben jagen.

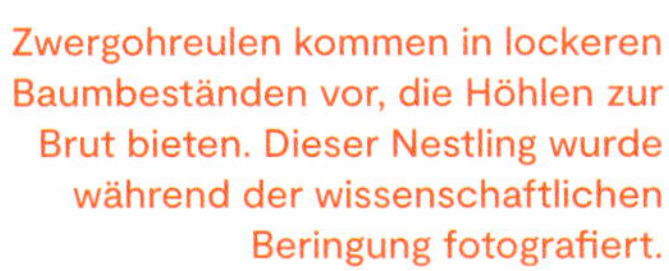

Zwergohreulen kommen in lockeren Baumbeständen vor, die Höhlen zur Brut bieten. Dieser Nestling wurde während der wissenschaftlichen Beringung fotografiert.

MEIN LIEBSTER PARKVOGEL: DER HALSBANDSCHNÄPPER

IM PORTRÄT

Werde ich in Europa nach meinem Lieblingsvogel gefragt, kommt der Halsbandschnäpper ins Spiel. Er verbindet für mich den Hauch des Besonderen mit nobler Ästhetik, atemberaubender Wanderung und Kindheitserinnerungen an meine frühen Jahre mit einem Fernglas um den Hals.

Halsbandschnäpper brüten vor allem im südlichen Mittel- und Osteuropa, unter anderem in der Südhälfte Deutschlands, in Ostösterreich und in sehr kleiner Zahl in der Südschweiz. In idealen Lebensräumen, das sind zum Beispiel alte, lockere Auwälder, erreicht dieser Langstreckenzieher die höchsten Dichten. Halsbandschnäpper ziehen jedes Jahr bis zu 9000 Kilometer ins tropische Afrika und wieder zurück. Auf dem Zugweg legen sie täglich etwa 150 bis 200 Kilometer zurück und schaffen es so in zwei Monaten in ihr Winterquartier. Am Rückweg haben sie es eiliger und bewältigen die Strecke in etwa 50 Tagen – immerhin geht es darum, die besten Brutplätze zu besetzen und gute Fortpflanzungspartner zu finden. Wie Langstreckenzieher von der Klimaerwärmung betroffen sind und zum Beispiel auf den immer früher einsetzenden Frühling reagieren, wird auch am Halsbandschnäpper untersucht: Eine exakte Ausrichtung seiner Fortpflanzung an den Laubaustrieb, der die Verfügbarkeit von Insekten bestimmt, ist für Altvögel und Küken überlebenswichtig. So änderte sich das Ankunftsdatum in einer tschechischen Population seit 1980 zwar nicht wesentlich, die Eiablage wurde allerdings um ganze neun Tage nach vorne verschoben. Nach der Rückkehr bleiben den Weibchen jetzt nur noch 1 bis 2 Wochen bis zur Eiablage.

In meiner Heimatstadt Graz sind es die historischen Parkanlagen mit altem Baumbestand, die dem Halsbandschnäpper hervorragende Lebensbedingungen bieten. *Spark bird* habe ich keinen –, so bezeichnen amerikanische Birdwatcher jene zündende Vogelart oder -beobachtung, die das Feuer für die Vogelkunde entfachte. Aber der Halsbandschnäpper nimmt seit meiner Kindheit eine ähnliche Rolle ein. Beobachtungsspaziergänge nach der Schule oder an freien Wochenendmorgen führten mich in den Stadtpark oder auf den Schlossberg, wo die Beobachtung von Halsbandschnäppern, neben den üblichen Wald- und Gartenvögeln, den Tag für mich zu einem erfolgreichen machte. Warum mir gerade die strikt schwarz-weiß gefärbten Männchen dieser Art so gut gefallen, erkläre ich mir mit meiner familiären Nähe zur Typografie, der »schwarzen« Buchdruckerkunst im weitesten Sinne. Auch sind sie eben nicht das ganze Jahr über zu sehen. Die Rückkehr der ersten Halsbandschnäpper Mitte April erwartete ich jeden Frühling mit Spannung. Mich begeisterte Jahr für Jahr, wie reibungslos alles wieder zum Alten zurückkehrte, obwohl die Vögel ganze neun Monate nicht hier zugegen waren. Ja, Halsbandschnäpper verbringen nur einen sehr kleinen Teil des Jahres in Mitteleuropa. In den Monaten Mai bis Juli bringen sie Partnersuche, Nistplatzwahl, Nestbau, Brut und Jungenaufzucht unter einen Hut. Schon im Lauf des Julis gelingen kaum mehr Beobachtungen, da die Männchen dann aufhören zu singen und die Vögel ein für uns unscheinbares Leben in den Baumkronen führen. Und so geht auch der Abzug dieses Waldvogels im Lauf des Augusts von uns weitgehend unbemerkt vonstatten.

Erfreulicherweise sind die Bestände des Halsbandschnäppers in Europa stabil. Dies deckt sich zwar mit den Trends anderer Waldvögel, ist für einen insektenfressenden Langstreckenzieher aber bemerkenswert – leiden doch gerade solche Vogelarten derzeit am stärksten. —

Halsbandschnäpper sind auf höhlenreiche Baumbestände angewiesen, wie sie in alten Laubwäldern und Parks vorkommen. Sie brüten in ausgefaulten Ästen und alten Spechthöhlen, nehmen aber gerne auch Nistkästen an. Im Bild ist das – in meinen Augen – prächtige Männchen zu sehen.

GEFIEDERTE ZIMMER-MÄNNER

Als Architekten des Waldes stellen Spechte die Bruthöhlen für eine ganze Reihe anderer Vogelarten her. Je mehr Spechte in einem Wald tätig sind, desto mehr Nistplätze gibt es für Meisen, Kleiber, Stare und andere Höhlenbrüter. Doch nur Gehölze mit einem hohen Anteil an toten Bäumen erlauben eine hohe Dichte an Spechten.

Herumliegende tote Bäume wurden in heimischen Wäldern lange als »unordentlich« empfunden. Als Bestandteil artenreicher Wälder, und auch in einem naturfreundlichen Garten, ist Totholz jedoch von enormer Bedeutung. Viele Tiere, Flechten oder Moose sind von der Verfügbarkeit abgestorbener Gehölze abhängig. Die Artengemeinschaft auf noch stehendem Totholz unterscheidet sich sogar von der auf und in bereits umgestürzten Bäumen. Pilze und andere zersetzende Organismen erhalten Zugang, nachdem Insekten und deren Larven sich in das Holz gebohrt haben. Nach ihnen suchen Spechte, wenn sie mit ihrem Meißelschnabel in das Holz hämmern.

In Mitteleuropa leben zehn verschiedene Spechtarten, die alle auch im deutschsprachigen Raum beobachtet werden können. Am häufigsten ist dabei der Buntspecht, der nahezu alle Typen von Wäldern und Wäldchen besiedelt. Auch in Gärten kommt der – gar nicht so bunte – schwarz, weiß und rot gefärbte Specht vor. Viel bunter ist eigentlich der Grünspecht, der als zweithäufigste Art auch unsere Parks und Gärten bewohnt. Anders als der Buntspecht und dessen in denselben Farben gehaltenen, nahen Verwandten hackt der Grünspecht nicht in morschem Holz, um Insektenlarven zu finden, sondern sucht vor allem am Boden nach Ameisen. Der Grauspecht ist sein seltenerer, ähnlich gefärbter und auf größere Waldstücke angewiesener Cousin. Unverwechselbar ist der Schwarzspecht, der durch seine enorme Größe und die schwarze Färbung im Flug an eine Krähe erinnern kann. Er zimmert auch die größte Bruthöhle, oft in wochenlanger Arbeit und sogar in das harte Holz von Buchen oder Eichen. Diese wertvollen, langlebigen und vergleichsweise sicheren Behausungen werden von Schwarzspecht-Paaren selbst über mehrere Jahre und danach zum Beispiel von Raufußkauz, Dohle oder Hohltaube als Nistplatz genutzt.

Leicht zu verwechseln sind hingegen die verschiedenen Spechtarten, die, wie der Buntspecht, ein schwarz-weißes Gefieder tragen. Sie besetzen allesamt schmälere Nischen, kommen also nicht so flächendeckend, sondern in genauer definierten Lebensräumen vor. Nicht nur der

Naturbelassene Wälder, in denen das Wirken des Buchdruckers (»Borkenkäfer«) geduldet wird, weisen dank des hohen Totholzanteils besonders dichte Spechtvorkommen auf. Hier im Wildnisgebiet Dürrenstein, Niederösterreich, leben auch die anspruchsvollen Bergwaldbewohner Weißrückenspecht und Dreizehenspecht.

Name, auch das Aussehen des Blutspechts unterscheidet sich vom Buntspecht nur geringfügig. Allerdings kommt die Verwechslungsgefahr lediglich in ganz bestimmten Gebieten zum Tragen, denn der Blutspecht lebt im deutschsprachigen Raum ausschließlich im äußersten Osten Österreichs (vor allem im Burgenland und in Teilen Niederösterreichs). In Deutschland und der Schweiz fehlt dieser Osteuropäer völlig. Schon deutlich kleiner ist der Mittelspecht. Mit seinem zarteren Schnabel sucht er meistens nur Baumstämme mit grober Borke nach Kleintieren ab, ohne sie so stark zu bearbeiten, wie es der Buntspecht tut. Der winzige Kleinspecht ist kaum größer als ein Sperling. Dank seines geringen Gewichtes vermag er Insekten auf dünnen Zweigen und Blättern nachzuspüren, die für seine größeren und schwereren Verwandten unerreichbar sind. Weil sie vor allem in höher liegenden Wäldern vorkommen, sehen wir Weißrückenspechte und den auf Nadelbäume angewiesenen Dreizehenspecht viel seltener. Der Weißrückenspecht ist im deutschsprachigen Raum fast gänzlich auf von der Rotbuche dominierte Wälder nördlich des Alpenhauptkamms beschränkt und erreicht im Westen gerade noch die Schweiz. Mit den übrigen Spechten am entferntesten verwandt ist der kuriose Wendehals. Als einziger Vertreter zimmert er seine Nisthöhle nicht selbst und zieht im Winter sogar nach Afrika ab. —

NACHMIETER ALTER SPECHTHÖHLEN

angeordnet nach ihrer Größe

Mittelspecht

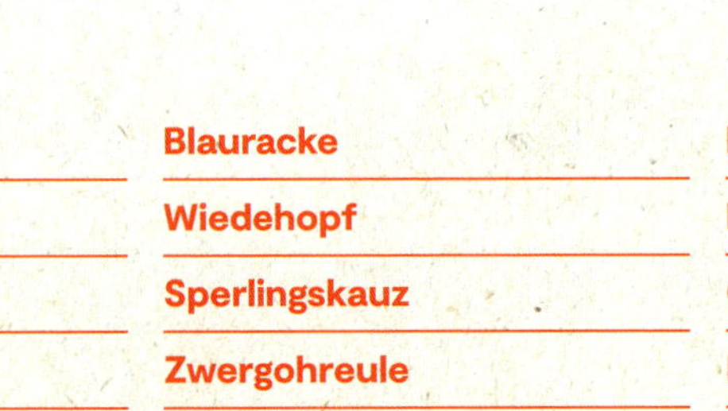

- Gänsesäger
- Waldkauz
- Schellente
- Mandarinente
- Hohltaube
- Dohle
- Raufußkauz

- Blauracke
- Wiedehopf
- Sperlingskauz
- Zwergohreule
- Star
- Mauersegler
- Wendehals
- Kleiber

- Kohlmeise
- Feldsperling
- Gartenrotschwanz
- Halsbandschnäpper
- Trauerschnäpper
- Sumpfmeise
- Weidenmeise
- Haubenmeise
- Blaumeise
- Zwergschnäpper
- Tannenmeise
- Gartenbaumläufer
- Waldbaumläufer

Schwarzspecht

Grünspecht

01 Der Blutspecht kommt in Osteuropa, westwärts bis in die östlichen Bundesländer Österreichs vor. Vom Buntspecht unterscheidet er sich zum Beispiel durch Details am Kopf (fehlende schwarze »Brücke« an den Kopfseiten) und mehr Schwarz in den Schwanzfedern.

—

02 Der Kleinspecht höhlt zur Brut tote, morsche Bäume oder abgestorbene Äste aus. Härtere Substrate kann der Winzling nicht bearbeiten. Sein idealer Lebensraum ist von zerfallendem Totholz und weichen Gehölzarten gekennzeichnet, wie sie z. B. in Auwäldern zu finden sind.

—

03 Mittelspechte leben in Laubwäldern. Sie benötigen Baumarten mit grober Borke (z. B. Eichen), die sie nach Kleintieren absuchen. Beobachtungen von trommelnden Mittelspechten sind so selten, dass sogar eine Arbeit mit dem Titel *Der Mythos vom Trommeln des Mittelspechtes* verfasst wurde.

—

04 Wo es Bäume gibt, kommt fast immer auch der Buntspecht vor. Seine Höhlen sind auch in Gärten und Parks die häufigsten natürlichen Nistplätze für höhlenbrütende Singvögel.

—

05 Laub- und Mischwälder zwischen etwa 600 und 1100 Meter Seehöhe eignen sich dann für den Weißrückenspecht, wenn sie über besonders viel Totholz verfügen. Als Nahrung sind die im Holz lebenden Larven großer Bockkäfer für ihn besonders wichtig.

SPECHTE IN SCHWARZ-WEISS-ROT

01

02

03

04

05

Der Dreizehenspecht lebt in Berg-Nadelwäldern mit hohem Fichtenanteil. Anders als die übrigen schwarzweißen Spechte tragen die Männchen dieser Art am Kopf kein rotes, sondern ein gelbes Abzeichen.

Vielerorts ist der Grünspecht die zweithäufigste Spechtart. Sein schallend-lachender Gesang verrät besonders im Frühling die Anwesenheit, auch wenn man ihn nicht sieht. Jungvögel (links) sind in den ersten Monaten nach dem Flüggewerden noch hell gefleckt.

Wendehälse beziehen ausschließlich vorhandene Höhlen, darunter alte Nisthöhlen anderer Spechte, und auch Nistkästen. Sie sind Nahrungsspezialisten mit einer Vorliebe für Ameisen und deren Puppen und verbringen deshalb viel Zeit am Boden.

Der Schwarzspecht kommt in vielen verschiedenen Waldtypen vom Tiefland bis ins Gebirge vor. Solange ausreichend alte Bäume für seine sehr große Bruthöhle zur Verfügung stehen, besiedelt er auch kleinere Wäldchen.

VOGELPARADIES GARTEN

Ein naturnaher Garten ist ein idealer Ort, um in die Vogelbeobachtung einzusteigen, und ein wertvoller Beitrag zum Naturschutz. Heimische Pflanzen, die Schaffung von Strukturen, eine Portion Unordnung, aber auch ein Angebot an Futter und Wasser tragen zur Artenvielfalt bei.

01 Naturnahe Gärten sind im Siedlungsgebiet wichtige Lebensräume für Tiere und Pflanzen.

—

02 Nisthilfen gibt es in verschiedenen Größen und Typen. Kästen für Höhlenbrüter sind besonders beliebt und werden häufig angenommen – hier von einer Haubenmeise.

—

03 Nicht alle Gartenvögel kommen zum Futterhaus. Die Klappergrasmücke schätzt dichte Hecken und Gebüsche.

Gärten nehmen einen großen Teil der Fläche im urbanen Raum ein. Wären sie alle naturnah gestaltet und etwas weniger aufgeräumt, ginge es einigen Tier- und Pflanzenarten im Siedlungsgebiet wohl deutlich besser. Das einfachste und effizienteste Mittel zum naturfreundlichen Garten ist ein bisschen mehr Gemütlichkeit: Greifen Sie seltener zur Gartenschere und lassen Sie den Rasenmäher öfter ruhen. Auch der Einsatz von Pestiziden ist natürlich zu vermeiden, da sie ein Grund für das Fehlen von Insekten als Vogelnahrung sind. Viele Tiere besiedeln Ihren Flecken Grün dann ganz von selbst und spannende Beobachtungen sind garantiert. Der Pflanzenbestand sollte viele heimische Arten umfassen. Sie bieten Insekten Nahrung, die wiederum von zahlreichen Singvögeln gefressen werden. Zierpflanzen aus weit entfernten Erdteilen erfüllen diesen Zweck sehr viel schlechter.

Als Vogelnahrung sind ab dem Spätsommer die Beeren verschiedener Sträucher beliebt. An Holunder, Hartriegel, Weißdorn, Schlehdorn, Eberesche & Co laben sich Grasmücken, Drosseln und manche Finken. Die Früchte von Obstbäumen werden ebenfalls gerne gefressen und alte Exemplare verfügen über Hohlräume, die als Brut- oder Übernachtungsraum genutzt werden. In Hecken sollten unbedingt auch dornige Arten vorkommen: Sie bieten sichere Nistplätze für Singvögel, da sie Fressfeinde sehr effektiv abhalten. Auch als Rückzugsort, zum Beispiel für Sperlingsschwärme, sind Dornenbüsche beliebt. Der eine oder andere Nadelbaum erhöht ebenfalls die Artenvielfalt: Durchziehende Goldhähnchen, Tannenmeisen oder Fichtenkreuzschnäbel werden Sie am ehesten in einer Fichte, Lärche, Kiefer oder Tanne finden. Wintergrüne Gehölze bieten auch besseren Sichtschutz, wenn Laubbäume ihre Blätter verloren haben. Eulen suchen sich daher oft Nadelbäume als Winterschlafplatz aus.

Wenn ungebändigter Wildwuchs keine Option für Ihren Garten ist, gönnen Sie der Natur zumindest eine wilde Ecke. Ein Bereich, in dem der Rasen so selten wie möglich gemäht wird, ein großes Stück Totholz liegen bleiben darf und vielleicht ein paar Steine aufgeschichtet sind. Nur wenn Gräser und Wildkräuter blühen und ihre Samen produzieren können, stehen diese als

01

02

wichtige Nahrung für Stieglitz, Girlitz, Bluthänfling und andere zur Verfügung. Stauden wie Disteln oder auch Sonnenblumen sollten erst im Frühjahr entfernt werden – im Winter finden die Vögel darin nahrhafte Samen.

Futterstellen sind beliebt, um viele Vögel in den eigenen Garten zu locken. Natürliche Nahrung durch insektenfreundliche Gestaltung und abwechslungsreiche Bepflanzung ist, wenn möglich, einer künstlichen Fütterung vorzuziehen. Mittlerweile ist das Füttern von Wildvögeln ganzjährig und nicht mehr nur im Winter akzeptiert, solange auf Hygiene geachtet wird. Wir wissen heute, dass der lokale Brutbestand sehr von einer Fütterung im Frühling und Sommer profitiert, da Altvögel davon ihren eigenen Nahrungsbedarf decken. Die Insekten, die sie in Bäumen und Büschen sammeln, bleiben dann für die Nestlinge und der Bruterfolg steigt. Füttern Sie immer so, dass Vögel nicht im Futter sitzen und es durch Kot verunreinigen können – Silos und Futtersäulen sind ideal. Wasser ist genauso wichtig wie Futter, bieten Sie daher eine große Tränke an, die lange Wasser hält. Noch besser ist ein kleiner Teich mit flachen Ufern. Nisthilfen ersetzen fehlende Strukturen, die Vögel zur Brut nutzen. Spechthöhlen und ausgefaulte Äste in alten Bäumen sind für viele Vögel essenziell (siehe S. 54). Stehen sie nicht in ausreichender Menge zur Verfügung, sind Nistkästen ein einfaches und bewährtes Mittel, Brutraum für Höhlenbrüter zu schaffen. Viele andere Typen von Nisthilfen sind beispielsweise auf die Anforderungen von Nischenbrütern (Bachstelze, Hausrotschwanz, Amsel), Falken oder Eulen zugeschnitten. Die Höhlenbrüter machen aber die größte Gruppe aus, die durch Nisthilfen unterstützt werden kann. —

03

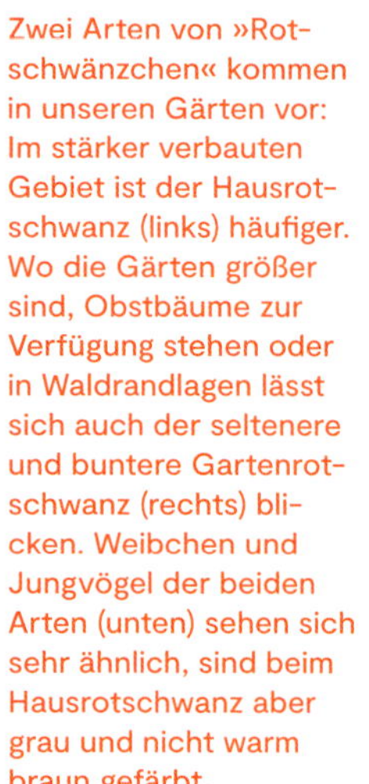

Zwei Arten von »Rotschwänzchen« kommen in unseren Gärten vor: Im stärker verbauten Gebiet ist der Hausrotschwanz (links) häufiger. Wo die Gärten größer sind, Obstbäume zur Verfügung stehen oder in Waldrandlagen lässt sich auch der seltenere und buntere Gartenrotschwanz (rechts) blicken. Weibchen und Jungvögel der beiden Arten (unten) sehen sich sehr ähnlich, sind beim Hausrotschwanz aber grau und nicht warm braun gefärbt.

Spezielle Nisthilfen wie diese Plattform für Waldohreulen machen besonders dann Sinn, wenn man die zu unterstützende Vogelart bereits zur Brutzeit in der Gegend beobachtet hat.

Der Feldsperling ist neben dem Haussperling (siehe S. 64) der zweite Spatz in unseren Gärten. Männchen und Weibchen sehen gleich aus und sind am schwarzen Fleck in der weißen Wange zu erkennen. Dornige Gebüsche werden von beiden Sperlingen als Rückzugsort genutzt.

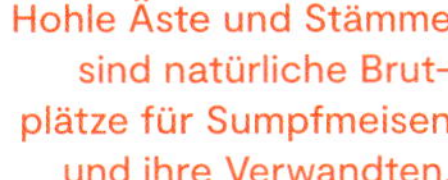

Hohle Äste und Stämme sind natürliche Brutplätze für Sumpfmeisen und ihre Verwandten.

BEOBACHTUNGSTIPP: SOMMER- UND WINTERFÜTTERUNG

An Futterstellen präsentieren sich Vögel, die wir sonst in den Baumkronen suchen. Wir können die Merkmale unterschiedlicher, auch ähnlicher Arten studieren und die Unterscheidung von Männchen, Weibchen und Jungvögeln üben. An klassischen Winterfütterungen werden Sonnenblumenkerne und andere Samen, sowie Fettfutter angeboten. Diese Futtertypen locken zu einem großen Teil Waldvögel an, die ihre Ernährung im Winter auf Samen umstellen und nicht nach Süden abziehen. Das sind zum Beispiel Meisen, Finken, Kleiber, Buntspechte und Sperlinge. Gibt es zusätzlich Haferflocken, Rosinen oder Äpfel bekommt man in der Regel auch Besuch von Amseln und Rotkehlchen vor dem Fenster. Insektenfresser wie die Mönchsgrasmücke kommen nur ausnahmsweise, wenn sie bis in die kalte Jahreszeit bei uns verweilen. Viele Vogelfreunde beobachten, dass bereitgestelltes Futter in verschiedenen Jahren sehr unterschiedlich angenommen wird. Zum einen nehmen die Bestände vieler Vogelarten seit Jahrzehnten ab. Eine plausiblere Erklärung für das (plötzliche) Ausbleiben von Vögeln am Futterhaus ist aber, dass sie je nach Nahrungsangebot in der Natur unterschiedlich stark auf unsere Futterstellen angewiesen sind. Stehen im Wald genügend Samen zur Verfügung, gibt es keinen Grund, aus der Deckung zu kommen und sich an einem Futterhaus gegen andere zu behaupten. Manche Wintergäste erreichen unsere Breiten außerdem in unterschiedlich großer Zahl, je nachdem, ob in ihrem Brutgebiet genügend Nahrung zur Verfügung steht, oder sie nach Süden (zu uns) ausweichen müssen. Jahre mit hohem Bruterfolg können zur »Überbevölkerung« führen und manche Arten (z. B. Blaumeisen) zum Abwandern aus Nordosteuropa bewegen. Dann tauchen sie in größerer Zahl in Mitteleuropa auf. Auch Krankheitsausbrüche, wie sie in der jüngeren Vergangenheit beispielsweise bei Grünling und Amsel beobachtet wurden, können regional zum Zusammenbruch der Populationen führen, denen dann Jahre mit geringem Aufkommen der betroffenen Arten nachfolgen.

Sperber besuchen ebenfalls gerne Futterhäuschen. Nicht, um sich eine Erdnuss zu holen, sondern weil sie es auf Kleinvögel abgesehen haben.

Vorbildlich: Am Silo kann der Grünling das Futter nicht mit Kot verschmutzen. Die ökologisch wertlose Lorbeerkirsche (»Kirschlorbeer«) im Hintergrund sollte allerdings durch heimische Heckenpflanzen ersetzt werden.

Nach dem Abblühen werden die Samen der Sonnenblume gerne von Meisen und Finken geerntet. Sonnenblumenkerne bilden die Basis der meisten Futterstellen und werden von vielen Arten angenommen

HÄUFIGE BESUCHER AM FUTTERHAUS

Kohlmeise ♀

Blaumeise

Sumpfmeise

Tannenmeise

Schwanzmeise

Kleiber

Haussperling ♀

Feldsperling

Buchfink ♂

Bergfink ♂

Erlenzeisig ♂

Stieglitz

Grünling ♀

Gimpel ♀

Kernbeißer ♀

Rotkehlchen

REGEL-MÄSSIGE GÄSTE IM GARTEN

Zaunkönig

Mönchsgrasmücke ♀

Heckenbraunelle

Hausrotschwanz ♂

Star

Bachstelze

Amsel ♀

Singdrossel

Buntspecht ♀

Grünspecht ♀

Elster

Nebelkrähe

Rabenkrähe

Dohle

Wacholderdrossel

Eichelhäher

VIRTUOSEN IM WALD

Die Reviergesänge dieser Arten klingen für uns besonders melodisch und komplex. In der Regel sind es nur die Männchen, die mit dem Gesang im Frühling Anspruch auf ein Territorium erheben und damit um Partnerinnen werben. Besonders beim Rotkehlchen und in geringerem Ausmaß beim Zaunkönig singen aber auch die Weibchen.

—

PIROL
–
Oriolus oriolus

STAR
–
Sturnus vulgaris

AMSEL
–
Turdus merula

SINGDROSSEL
–
Turdus philomelos

MÖNCHSGRASMÜCKE
–
Sylvia atricapilla

GARTENGRASMÜCKE
–
Sylvia borin

BUCHFINK
–
Fringilla coelebs

GELBSPÖTTER
–
Hippolais icterina

NACHTIGALL
–
Luscinia megarhynchos

SPROSSER
–
Luscinia luscinia

ZAUNKÖNIG
–
Troglodytes troglodytes

HECKENBRAUNELLE
–
Prunella modularis

ROTKEHLCHEN
–
Erithacus rubecula

Kapitel zwei

Vögel der Alpen

SPERLINGSKAUZ

–

Glaucidium passerinum

VON RAUEM GELÄNDE GESCHÜTZT

Auf einer Wanderung in den Alpen treffen wir auf eine, vom Flachland deutlich verschiedene, besonders reizvolle Vogelwelt. Bergvögel führen ein Leben unter extremen Bedingungen, sind oft schwierig zu beobachten und hegen noch viele Geheimnisse.

Nirgends vollzieht sich der Wechsel der Vogelarten in einer Gegend Mitteleuropas so stark, als wenn man vom Tiefland hinauf in die Berge geht. Nach 200 Höhenmetern hat sich die Vegetation etwa im gleichen Ausmaß verändert, als wären wir im Flachland 200 Kilometer von Süden nach Norden gereist. In Gebirgen finden wir daher auf engem Raum eine Verdichtung unterschiedlichster Biotope. Wenn wir einen Bergwald Richtung Gipfel durchwandern, prägen weiter unten noch viele Arten das Bild, die wir auch in Parks und Gärten finden: verschiedene Meisenarten, Rotkehlchen, Amsel, Mönchsgrasmücke, Buntspecht und so weiter. Je höher man kommt, umso größer werden die Unterschiede zur Vogelwelt in den Siedlungsgebieten. Ab etwa 1000 Meter Seehöhe ist das schon sehr deutlich zu beobachten: Tannenhäher, Weidenmeise, Fichtenkreuzschnabel, Erlenzeisig oder Birkenzeisig treffen wir weiter unten deutlich seltener – jedenfalls zur Brutzeit. Viele dieser Arten wandern, vor allem im Winter, aber auch hinab in die Täler. Mit Weißrückenspecht, Dreizehenspecht und dem immer seltener werdenden Haselhuhn sind hier auch drei unter Vogelbeobachtern heiß begehrte Wald- beziehungsweise Bergvogelarten zu Hause. In den Wäldern der Berge finden auch zwei kleine Eulenarten ihren präferierten Lebensraum: Dem winzigen Sperlingskauz begegnet man mit Glück auch am Tag, wenn er von einer hohen Fichtenspitze den Wald überblickt. Der etwas größere Raufußkauz ist schon viel schwieriger zu sehen. Er ist streng nachtaktiv und verrät uns seine Anwesenheit fast immer nur akustisch. Alpensegler, Felsenschwalbe und Zippammer sind hingegen an bestimmte, felsige Strukturen und kaum an eine bestimmte Höhenstufe gebunden.

Inversionswetter
im steirischen Randgebirge.

Im Spätsommer sammeln Tannenhäher Nahrung, um in bis zu 15 Kilometer Entfernung Vorräte für den Winter anzulegen. Für einen Transportflug können mehr als 100 Zirbensamen im Kehlsack verstaut werden.

Auch die Waldgrenze ist ein definiertes Habitat. Im lockeren Übergang zwischen Baumbestand und alpiner Tundra löst das Birkhuhn das größere Auerhuhn ab, welches weiter unten noch da und dort im hochwüchsigen Wald zu finden ist. In derselben Zone lebt der Zitronenzeisig, dessen Färbung höchstens an eine unreife Sternfrucht erinnert und dem vielversprechenden Namen auch im Fall eines prächtigen Männchens nicht gerecht wird. Über der Baumgrenze sind dann, von den weit verbreiteten Hausrotschwanz und Turmfalke abgesehen, fast gar keine Arten mehr zu finden, die wir aus dem Flachland kennen (siehe S. 78).

Es ist der geringen Erschließung vieler Gebirgsregionen zu verdanken, dass die Natur der Alpen noch weitgehend intakt ist. Sie sind der größte naturnah gebliebene Lebensraum Mitteleuropas und bilden in mehrerlei Hinsicht das Gegenstück zum dicht besiedelten, intensiv agrarisch genutzten und ökologisch häufig verarmten Flachland. Auch bedrohte Lebensräume wie Moore sind im Gebirge vor menschlicher Zerstörung besser verschont geblieben. Es ist die Abgeschiedenheit, die den alpinen Landschaften noch als gewisser Schutz vor menschlichen Eingriffen dient. Sie ist es aber auch, wieso wir über die Vogelwelt der Berge vergleichsweise wenig wissen. Eigentlich kurios, nehmen die Alpen doch rund 73 Prozent der Landesfläche Österreichs und 61 Prozent der Schweiz ein. So herausragend die Alpen als Hort der Biodiversität sind: Forschungsarbeit ist in den oberen Höhenstufen deutlich zeit- und energieaufwendiger. Dasselbe gilt für die Beobachtung der Bergvögel. Ohne den Willen, auf anstrengenden Wegen auch in steiles Gelände vorzudringen, bleiben uns die Arten des Hochgebirges meist verborgen. —

Der Schnabel des Fichtenkreuzschnabels ist ein spezialisiertes Werkzeug. Damit holt dieser Fink die Samen von Fichten, Lärchen und Kiefern unter den Zapfenschuppen hervor.

Keine heimische Eule ist so schwer zu beobachten wie der Raufußkauz. Er ist fast ausschließlich nachts aktiv und brütet unter anderem in verlassenen Höhlen des Schwarzspechts.

Der Zitronenzeisig (hier im besonders farblosen Jugendkleid) kommt nur in Gebirgen Mittel- und Südeuropas vor. In den Alpen liegt der Verbreitungsschwerpunkt im Westen.

SPEZIALISTEN IM HOCHGEBIRGE

Über der Waldgrenze leben zwar deutlich weniger, dafür jedoch spektakuläre und hoch spezialisierte Vogelarten. Sie haben ihr Leben ganz an die alpine Höhenstufe angepasst und sind besonders hart im Nehmen – im Angesicht der Klimaerwärmung sind sie aber am stärksten bedroht.

Wo statt Bäumen nur noch Zwergsträucher und alpine Matten die Oberfläche der Berge bedecken, ist das Klima besonders rau. Die Brutvogelarten jenseits der Waldgrenze lassen sich an zwei Händen abzählen. Sie müssen mit besonders harten und zwischen Sommer und Winter extrem wechselnden Bedingungen zurechtkommen.

Den Steinadler verbinden wir sofort mit schroffen Berggipfeln. Dass der riesige Greifvogel heute fast ausschließlich in den Bergregionen der Alpen zu finden ist, lässt sich auf die jahrhundertelange Verfolgung durch den Menschen zurückführen. In den leichter erreichbaren Regionen Mitteleuropas wurden im 18. und 19. Jahrhundert nicht nur der Steinadler, sondern auch andere große Greifvögel flächendeckend vom Menschen ausgerottet (siehe S. 224). Die unzugänglichen Bergregionen, die sich als Steinadler-Lebensraum auch gut eignen, wurden so zum Refugium des »Aar«. Der Bestand in den Alpen hat sich erholt: Von geschätzten 2 bis 3 Brutpaaren in Österreich zu Beginn des 20. Jahrhunderts, über 60 bis 100 Ende der 1980er-Jahre auf heute etwa 350 Brutpaare. Auch in Gebiete außerhalb des Alpenbogens dringt der Steinadler wieder zögerlich vor. Die meisten Brutplätze liegen nicht in den Gipfelregionen über der Baumgrenze, sondern etwa zwischen 1500 und 2000 Meter Seehöhe, in Felswänden im bewaldeten Bereich oder auf Bäumen selbst. Zur Jagd nutzt der Steinadler aber meist die waldfreien Flächen höher oben. Beutetiere wie Murmeltier, Alpenschneehuhn und Schneehase sind dort häufig und können kraftsparend bergab zu den Jungen transportiert werden.

Die Verbreitung der folgenden Arten wird von klimatischen Faktoren geformt. Alpenschneehuhn, Schneesperling, Alpenbraunelle und Alpendohle besiedeln die höchst gelegenen Regionen Europas. Die Klimaerwärmung ist für diese Arten besonders dramatisch: Während sich Vegetationszonen in Richtung der Berggipfel verschieben, schrumpft der Lebensraum alpiner Spezialisten kontinuierlich. Denn während andere Arten mit ihrem Lebensraum nach oben wandern, stehen die Bewohner der Gipfelregionen bereits jetzt oben an. Die Brutgebiete der Ringdrossel stiegen in der Schweiz binnen 20 Jahren um durchschnittlich 84 Meter in die Höhe. Im selben Zeitraum erlebte sie einen Bestandsrückgang von 30 Prozent. Auch Steinschmätzer, Bergpieper, Steinrötel und Mauerläufer leben in dieser Höhenstufe. Für sie sind aber vor allem spezielle Kleinlebensräume (z. B. Graslandschaften, Geröllhänge oder Felswände) von Bedeutung, die in einem breiteren Höhenbereich zur Verfügung stehen. —

In Felswänden (aber auch an Seilbahnstationen und Sendemasten) über 1500 Meter Seehöhe brütet die Alpendohle. Dieser alpine Kulturfolger macht sich höchst erfolgreich das Nahrungsangebot rastender Wanderer und bei Berggasthäusern zunutze.

Das Alpenschneehuhn lebt durchwegs über der Baumgrenze. Die Befiederung der Zehen vergrößert deren Oberfläche im Winter um 400 Prozent und verhindert ein Einsinken im Schnee. Dieser Anpassung verdankt die Vogelgattung zudem ihren wissenschaftlichen Namen *Lagopus* (»Hasenfuß«). Das weiße Winterkleid wird im Frühling durch ein grau-geschecktes Gefieder ersetzt.

Die Brutsaison des Steinadlers beginnt im tiefsten Winter: Bereits Ende Februar legen manche Weibchen das erste Ei. Rund sechs Monate später werden die flüggen Jungen das Revier der Eltern verlassen.

Weniger aufdringlich als die Alpendohlen, aber dennoch: Auch die geselligen Alpenbraunellen, Singvögel felsiger Hochgebirgsregionen, suchen auf beliebten Berggipfeln zwischen den Wanderern nach Nahrung.

Der häufigste Bewohner alpiner Rasen ist der unauffällige Bergpieper. Ihn zieht es im Winter an eisfreie Gewässer in den Tälern oder weiter nach Süd- und Westeuropa – manche sogar nach Norden.

Die Ringdrossel unterscheidet sich von der Amsel durch den weißen Halsring. Die Alpen verlässt sie im Herbst, um in Südeuropa und Nordafrika zu überwintern.

Die ausschließliche Nahrung des Mauerläufers sind Kleintiere (v.a. Insekten und Spinnentiere), die er aus Ritzen im Fels holt. Im Winter erscheint die Art manchmal auch an großen, historischen Gebäuden oder in Steinbrüchen in tieferen Lagen.

Über das Grödner Joch in Südtirol ziehen im Herbst viele Zugvögel nach Südwesten weiter. Besonders bei Gegenwind, wenn Vögel tiefer fliegen, lassen sich auf Pässen wie diesem die Zugbewegungen von am Tag ziehenden Arten beobachten.

Ein juveniler Wespenbussard überquert auf seiner ersten Wanderung ins tropische Afrika die steirische Gleinalm.

BEOBACHTUNGSTIPP: HERBST-VOGELZUG AM PASS

Wenn Zugvögel die Alpen durchqueren, folgen sie häufig Tälern, die entlang ihrer Zugrichtung verlaufen. Endet eine solche Leitlinie in einer Sackgasse, überwinden sie die Berge an möglichst niedrigen Übergängen. Auf Pässen und Satteln haben Vogelbeobachter die Möglichkeit, jenen Teil des Vogelzugs hautnah zu erleben, der am Tag stattfindet. Besonders auf Bergrücken, die Täler mit Nordost-Südwest-Ausrichtung (der herbstlichen Hauptzugrichtung durch weite Teile der Alpen) schneiden, kann man an einem guten Zugmorgen im Herbst Hunderten, manchmal Tausenden Vögeln beim Überqueren des Hindernisses zusehen. Blickt man vom Pass aus mit dem Fernglas hinunter ins Tal nach Norden, kann man die sich nähernden Finken, Meisen, Schwalben, Ringeltauben und Greifvögel sehen. Manche kämpfen sich direkt, andere in weiten Schleifen hinauf, um dann, oft auf Augenhöhe, zügig auf die andere Seite zu kommen. Für den Greifvogelzug empfehlen sich an solchen Orten die Monate August und September, viele Kleinvögel folgen in der ersten Oktoberhälfte.

LEBEN AM DACH EUROPAS: DER SCHNEESPERLING

IM PORTRÄT

Als Charaktervogel des Hochgebirges schlechthin findet sich der Schneesperling, neben Alpenbraunelle und Alpendohle, unter den Top 3 der am höchsten brütenden Vögel Europas. Dem größten heimischen Sperling wird in der Schweiz intensive Forschung gewidmet, die laufend Neues über seine Lebensweise und über seine Gefährdung durch den Klimawandel ans Tageslicht bringt.

In Europa brüten Schneesperlinge in den Gipfelregionen südlicher Gebirge, mit Schwerpunkt in den Alpen. Sie leben in felsigen Bereichen, die an insektenreiche, alpine Rasen angrenzen. Als Brutplätze nutzen sie nicht nur natürliche Felsnischen, sondern auch Hohlräume an Gebäuden oder in Liftstützen sowie dort angebrachte Nistkästen. Die Männchen preisen Höhlen, die ihnen zur Brut als geeignet erscheinen, lautstark bei den Weibchen an. Während des kurzen Singfluges präsentieren sie ihre schwarz-weißen Flügel und den weißen Schwanz (siehe Coverfoto). Als reiner Hochgebirgsbewohner, der selten unter 1500 Meter hinunterfliegt, ist der Schneesperling von der Klimaerwärmung langfristig akut bedroht. Er fühlt sich dort wohl, wo die Lufttemperatur im Jahresdurchschnitt zwischen −3 °C und 0 °C liegt. Tiefer gelegene, zunehmend wärmere und trockenere Brutgebiete werden verlassen – der Schneesperling muss höher hinauf, um ideale Lebensbedingungen zu finden. Der höchste Brutnachweis gelang auf fast 3500 Meter Seehöhe. Die Aufzucht der Jungen ist zeitlich an die Schneeschmelze gekoppelt, die das Wasser zur Entwicklung von Insektenlarven bereitstellt, mit denen die Küken gefüttert werden.

Lange wurde der früher namentlich als »Schneefink« einer anderen Vogelgruppe zugeordnete Bergspatz als Standvogel beziehungsweise Vertikalzieher verstanden, der im Winter lediglich ein Stück weit tiefer oder an Futterstellen in der Nähe von Berggasthäusern oder Skihotels ausharrt. Neue Studien haben gezeigt, was vereinzelte Ringfunde vermuten ließen: Ein bedeutender Teil der Schneesperlinge, die im Winter in den Pyrenäen und im Kantabrischen Gebirge in Nordspanien zu finden sind, stammt aus den Alpen. Schneesperlinge sind also nicht ganz so sesshaft wie angenommen. Manche dieser Alpenbewohner wandern saisonal, vermutlich besonders in kalten Wintern, mehr als 1000 Kilometer weit in andere Gebirgsmassive in Südwesteuropa und sorgen dadurch wohl auch für genetische Durchmischung. Wärmere Winter und geringere Wanderbewegungen könnten in Zukunft zu einer stärkeren Isolation der iberischen Vorkommen führen. —

Außerhalb der Brutsaison ist der Schnabel der Schneesperlinge nicht schwarz, sondern gelb gefärbt.

SCHEU, SELTEN, SCHWER ZU FINDEN

Lebensraum des Steinhuhns in der Glocknergruppe, Osttirol.

Die schlechte Erreichbarkeit ihrer Lebensräume und die dadurch beschränkten Möglichkeiten sie zu beobachten und zu erforschen, verleihen manchen Bergvögeln ein geradezu mythisches Ansehen unter Ornithologen und Birdwatchern.

Unter den Vögeln Mitteleuropas zählt das Steinhuhn sicher zu den Arten, die am schwierigsten zu finden sind. Das hübsch gezeichnete, etwa taubengroße (aber deutlich schwerere) Huhn lebt in den westlichen und südlichen Teilen der Alpen. Der wärmeliebende Vogel fühlt sich auf steilen, südexponierten Hängen an und über der Waldgrenze wohl, die sowohl felsige als auch mit Gras bewachsene Bereiche aufweisen. Über das Vorkommen in den Ostalpen und auf deutschem Staatsgebiet ist wenig bekannt. Steinhühner sind scheu, meist stumm und schleichen sich lieber zu Fuß davon, als aufzufliegen – schwierige Voraussetzungen für Vogelbeobachter. Wenn man sie doch unabsichtlich hochschreckt, fliegen sie knapp über dem Boden den Hang hinunter davon und verschwinden schnell hinter der nächsten Kuppe. Die besten Chancen hat man im Herbst und Frühling: Dann ist die Rufaktivität höher und mit viel Glück entdeckt man ein exponiert stehendes Steinhuhn beim Vortrag seiner keckernden Strophe.

In den namensgebenden Alpen brütet die Alpenkrähe heute nur noch in den westlichsten Teilen. Die rund 70 bis 80 Paare im Schweizer Kanton Wallis stehen mit den Brutvorkommen auf italienischem und französischem Gebiet in Kontakt. In Österreich brütete die rotschnäbelige Schwesternart der Alpendohle bis ins 19. Jahrhundert in den Karnischen Alpen Kärntens. Welche Faktoren für den Rückzug der Alpenkrähe aus den Ostalpen hauptverantwortlich waren, ist unklar. Noch im Lauf des 20. Jahrhunderts gelangen Sichtungen in Österreich und Bayern, und sogar in jüngster Vergangenheit wurden Meldungen bekannt, die aber allesamt unbelegt blieben. Erreichen herumstreifende Alpenkrähen regelmäßig Österreich? Früher oder später wird bestimmt wieder ein solider Nachweis gelingen – vielleicht ja Ihnen. Halten Sie Ausschau in Gruppen von Alpendohlen, denen sich ihre seltenen Verwandten gerne anschließen. Anders als diese, sind Alpenkrähen aber keine ausgeprägten Kulturfolger und suchen nicht die Nähe zu uns Menschen.

Einige der charakteristischen Vögel der Alpen werden als sogenannte Glazialrelikte bezeichnet. Sie wurden im Zuge der letzten Eiszeit vor mehr als 10 000 Jahren, als ein großer Teil Nordeuropas vergletschert und dadurch unbesiedelbar war, aus ihren nördlichen Verbreitungs-

An den Südhängen der Alpen erreicht das wärmeliebende Steinhuhn seine nördliche Verbreitungsgrenze.

gebieten in eisfreie Regionen im südlichen Europa verdrängt. Nachdem es wieder wärmer wurde und das Eis zurückwich, besiedelten ursprünglich nordische Arten wie Dreizehenspecht, Ringdrossel oder Alpenschneehuhn erneut ihr angestammtes Gebiet. Manche blieben aber in den Alpen hängen, wo sie ähnliche Lebensbedingungen vorfanden wie in den borealen Nadelwäldern und der Tundra. Dadurch entwickelten sich voneinander isolierte Populationen, zum Beispiel in den Kältesteppen Skandinaviens und in den Hochlagen der Alpen. Auch die beiden nächsten Arten könnten solche Eiszeitrelikte, mit heute winzigen Alpenpopulationen sein. Der Mornellregenpfeifer gehört zu den Watvögeln, ist also mit Arten wie dem Kiebitz, der Uferschnepfe oder dem Flussuferläufer verwandt. Anders als sie ist der »Mornell« aber nicht an Gewässer gebunden. Er bewohnt baumlose Graslandschaften, ganz überwiegend in Skandinavien und in sehr kleiner Zahl auch über der Baumgrenze in den Alpen, sowie in wenigen anderen Gebirgszügen Mittel- und Südeuropas. Eine Begegnung mit dem Mornellregenpfeifer ist schon alleine deshalb magisch, weil er dem Menschen gegenüber meist völlig furchtlos auftritt. Es ist dabei deutlich wahrscheinlicher, auf Durchzügler aus Skandinavien zu treffen, denen die Alpen als Zwischenstopp auf dem Weg zwischen ihren Brutgebieten und den Winterquartieren in Nordafrika dienen. Eine gezielte Suche auf mit Gras bewachsenen Plateaus oder sanften Kuppen über der Waldgrenze, aber auch auf kurzrasigen Flächen oder Äckern im Tiefland hat sich schon für viele Vogelbeobachter gelohnt. Der Hauptdurchzug findet von Mitte August bis Mitte September und weniger auffällig im April und Mai statt.

Das Rotsternige Blaukehlchen brütet recht häufig in buschiger Vegetation Skandinaviens und Sibiriens. Dass der prächtige Singvogel auch in den Alpen vorkommt, wurde erst in den 1970er-Jahren entdeckt. Er besiedelt hier feuchte Latschenmoore, lückige Hochstaudenfluren und Erlengebüsche an und oberhalb der Baumgrenze – ganz anders als seine zwar auch seltene, aber weiter verbreitete weißsternige Schwesterform der Tiefland-Feuchtgebiete. Viele der im Lauf der Jahrzehnte entdeckten Brutplätze in Österreich und der Schweiz waren nur kurzzeitig besiedelt. Im schlimmsten Fall sind sie der Erschließung der Alpen durch Straßen und Skilifte zum Opfer gefallen. Das Rotsternige Blaukehlchen ist wohl einer der seltensten heimischen Vögel, mit einem äußerst fragilen Bestand. Man darf hoffen, dass es in entlegenen Tälern auch weiterhin unentdeckte Vorkommen gibt, die ein langfristiges Überleben in den Alpen sicherstellen. —

Der rotbraune Kehlfleck der Männchen unterscheidet die in den Alpen brütende Unterart *svecica* (Rotsterniges Blaukehlchen) von den Weißsternigen Blaukehlchen (Unterart *cyanecula*) der Feuchtgebiete im Tiefland.

Von der häufigeren Alpendohle kann die Alpenkrähe (links) am einfachsten durch den längeren, tiefroten Schnabel unterschieden werden. Dieser wird zum Graben und Stochern nach Nahrung eingesetzt, während die Alpendohle nur an der Oberfläche nach Nahrung sucht.

Von Schütteln gefolgtes Aufplustern ist ein Teil der Gefiederpflege – auch bei diesem juvenilen Mornellregenpfeifer.

VÖGEL IM HOCHGEBIRGE

Über der Waldgrenze leben nur wenige, für den Lebensraum Hochgebirge charakteristische Vogelarten. Besonders Steinschmätzer, Steinrötel und Ringdrossel verlassen die höchste Zone im Herbst jedoch und ziehen nach Süden oder, wie der Bergpieper, in die Täler hinab.

—

ALPENSCHNEEHUHN
–
Lagopus muta

♂

SCHNEESPERLING
–
Montifringilla nivalis

ALPENDOHLE
–
Pyrrhocorax graculus

MAUERLÄUFER
–
Tichodroma muraria

ALPENBRAUNELLE
–
Prunella collaris

STEINSCHMÄTZER

–

Oenanthe oenanthe

♂

BARTGEIER

–

Gypaetus barbatus

♂

STEINRÖTEL

–

Monticola saxatilis

♂

RINGDROSSEL

–

Turdus torquatus

BERGPIEPER

–

Anthus spinoletta

Kapitel drei

Vielfalt am Wasser

KLEINES
SUMPFHUHN
–
Zapornia parva

BESONDERS ARTENREICHE LEBENSRÄUME

Sobald in einem Gebiet ein größeres Gewässer zu finden ist, schnellt die Zahl der hier lebenden Vogelarten in die Höhe. Der Eindruck entsteht nicht nur, weil Vögel auf Wasserflächen und an Ufern einfacher zu entdecken sind – die Ränder von Gewässern beherbergen tatsächlich eine höhere Artenvielfalt.

Wo immer zwei unterschiedliche Lebensräume aneinanderstoßen, leben besonders viele Arten. Wenn an einen See ein Wald angrenzt, finden wir im Übergangsbereich sowohl die Wald- als auch die Wasservögel sowie speziell für den Waldrand charakteristische Arten. Feuchtgebiete sind als Beobachtungsplätze ganzjährig attraktiv und deshalb wohl die von Vogelbeobachtern am häufigsten besuchten Ziele. Sogar im Winter, wenn der Wald oder Wiesengebiete nur mehr wenigen Vogelarten genügend Nahrung bieten, konzentriert sich das Vogelleben an Seen und großen Flüssen. Wasservögel harren hier oft in großer Zahl aus, solange die Gewässer nicht frieren. Aber was ist eigentlich ein Wasservogel? Vielleicht denken Sie gleich an Enten oder Schwäne. Ja, das sind bestimmt Wasservögel – sie verbringen immerhin fast ihr ganzes Leben am Wasser und entfernen sich kaum davon. Und was ist mit den Gänsen, die genauso wie die zuvor genannten, sehr nahe verwandten Gruppen zur Familie der Entenvögel gehören? Das sind natürlich auch Wasservögel, werden Sie meinen. Und obwohl ich zustimme, gibt es da doch einen nicht unwesentlichen Unterschied: Viele Gänse verbringen nämlich nur etwa die Hälfte ihrer Lebenszeit am Wasser, da sie sich fast ausschließlich an Land – im Winter oft kilometerweit vom nächsten Gewässer entfernt – ernähren. Nicht zuletzt ihre körperlichen Anpassungen (z. B. Schwimmhäute) scheinen die Einordnung als »Wassergeflügel« dennoch klarzumachen. Viel schwieriger wird es dann bei Arten, die solche nicht haben: Ist die Gebirgsstelze ein Wasservogel, oder nicht? Sie zeigt immerhin eine deutlich stärkere Bindung an (fließende) Gewässer als ihre Cousinen Bachstelze und Schafstelze, obwohl auch diese sehr gerne an

Gewässer sind ein Magnet für eine große Vogelvielfalt. Je nach Wassertiefe, Ausgestaltung der Ufer und Nahrungsverfügbarkeit werden sie von unterschiedlichen Arten bewohnt.

Ufern nach Nahrung suchen. Der Mornellregenpfeifer (siehe S. 90) kann als Brutvogel der Kältesteppen, der auch außerhalb der Brutzeit nicht die Nähe von Gewässern sucht, kaum als Wasservogel gesehen werden – obwohl er als Regenpfeifer einer Vogelfamilie angehört, deren übrige Mitglieder einen deutlichen Gewässerbezug erkennen lassen. Ähnliche Überlegungen könnte man mit den Möwen, dem Fischadler, der Rohrweihe, dem Eisvogel und verschiedenen Singvögeln wie Bergpieper, Blaukehlchen, Rohrammer oder Beutelmeise anstellen. Sie alle zeigen zumindest zeitweise eine deutliche Bindung ans Wasser, und in den seit vielen Jahrzehnten von Naturschutzorganisationen durchgeführten »Wasservogelzählungen« werden sie in der Regel auch erfasst. Die Abgrenzung zwischen Wasservögeln und Nicht-Wasservögeln ist also keineswegs klar oder gar nach wissenschaftlichen Gesichtspunkten möglich und dient vielmehr als sehr grobe Bezeichnung für jene Vogelarten, die viel Zeit am Wasser oder in Wassernähe verbringen. —

Selten zeigt der Haubentaucher seine Füße – wie hier beim Landgang zum Nest. Dann wird klar, was es mit der Familienbezeichnung Lappentaucher (*Podicipedidae*) auf sich hat, der er angehört.

Seeschwalben sind nahe mit den Möwen verwandt, aber stärker auf die Jagd nach Fischen und anderen Wasserlebewesen spezialisiert. Diese Raubseeschwalbe erhebt sich nach einem erfolglosen Beutestoß aus dem Wasser.

Naturnahe Fließgewässer sind kostbare, selten gewordene Lebensräume. Hier, an der Pielach in Niederösterreich, lebt der Eisvogel.

Nachtreiher sind überwiegend dämmerungs- und nachtaktiv. Ihre großen Augen erlauben gutes Sehen auch bei wenig Licht.

Vor allem junge Individuen kann man im Spätsommer manchmal auch tagsüber außerhalb der Deckung beobachten.

VON PRÄCHTIGEN ERPELN UND SCHMUCKLOSEN ENTEN

Entenmännchen gehören Dank ihrer farbenfrohen Prachtgefieder zu den auffälligsten Vögeln. Doch die Farben und Muster kommen ihnen nach der Brutsaison abhanden, was viele Menschen an das Verschwinden der Erpel glauben lässt.

Betrachtet man männliche Enten in ihrem sogenannten »Prachtkleid«, ist die Bestimmung der verschiedenen Arten ein Leichtes. In kaum einer Vogelgruppe unterscheiden sich die Vertreter so deutlich in Farben und Mustern. Ganz anders verhält es sich bei den Weibchen: Sie sind als Bodenbrüter zum Schutz vor Fressfeinden immer in Brauntönen und Mustern gefärbt, die ihnen Tarnung in der Vegetation verschaffen. Der große optische Unterschied zwischen den Geschlechtern der Enten erklärt sich durch ihre Fortpflanzungsstrategie. Die gesamte Brutfürsorge, vom Nestbau über das Brüten bis zum Führen der Jungen, obliegt alleine den Weibchen – die Männchen beteiligen sich über die Paarung hinaus kaum am Familienleben. Es kommt in der Welt der Enten dauernd, zumindest jährlich, zu neuen Verpaarungen, und die Partnerschaften halten nur kurz (in der Regel nur für eine Brutsaison). Im Lauf der Evolution entwickelten Männchen auffällige Merkmale, die den Weibchen bei der häufigen Partnerwahl schnell und im Idealfall verlässlich Auskunft über die Qualitäten der Erpel geben. So wird eine rasche und möglichst reibungslose Paarbildung ermöglicht. Besonders bei manchen Gründelenten – das sind jene, die bei der Nahrungssuche nur den Kopf ins Wasser tauchen – erinnert die Farbgebung geradezu an exotische Vogelarten. So gehören Krickente, Pfeifente, aber auch die häufige Stockente wohl zu den farbenprächtigsten Vögeln Europas. Die Tauchenten sind kleiner, kompakter und tauchen ganz unter Wasser, um dann ihre Beine als Antrieb zu nutzen. Zu ihnen gehören zum Beispiel Reiherente, Bergente oder Moorente. Die Erpel dieser Arten sind zur Brutzeit zwar ebenso auffällig, aber weniger bunt gefärbt.

Das Prachtkleid tragen sie also nur saisonal! Bei den meisten Entenarten wird es im Herbst durch eine Mauser (den Federwechsel) angelegt. Über das Winterhalbjahr balzen die Erpel dann in ihrer Hochzeitstracht und die Enten suchen sich aus den Gruppen der Männchen einen passenden (und hübschen) Partner. Sobald die Enten im Frühling auf den Eiern sitzen, mausern die

Erpel wieder. Ab etwa Mai gibt es am Heiratsmarkt der Enten nur mehr wenig zu gewinnen. Die attraktiven Federn werden also abgeworfen und nach wenigen Wochen sind die Männchen in ihrem frischen Schlichtkleid nur mehr schwer von den Weibchen zu unterscheiden. Die Erpel sind also nicht notwendigerweise davongeflogen, wenn sie im Sommer am Ententeich nicht gleich zu sehen sind. Ganz ausgeschlossen ist das zwar nicht, denn manchmal suchen die Männchen gesonderte Mauserquartiere abseits des Brutgewässers auf, um dort »unter sich« ihre Federn zu wechseln – während die Weibchen noch die Jungen führen. Um sicherzugehen, ob sich in Ihrer lokalen Entengruppe auch Erpel befinden, werfen Sie einen Blick auf die Schnabelfarbe (siehe S. 104). —

Wegen ihrer Häufigkeit finden Stockerpel wenig Beachtung – obwohl sie zu den opulent gefärbtesten Vögeln Europas zählen.

Im Prachtkleid (oben, ca. Oktober–Mai) noch unverwechselbar, ähnelt das Männchen der Stockente im Schlichtkleid (Mitte, ca. Juni–September) stark dem Weibchen (unten). Gefiederdetails und die Färbung des Schnabels ermöglichen aber die Unterscheidung.

Als einzige Ente Europas überwintert die Knäkente südlich der Sahara. Die anderen Arten bleiben innerhalb Europas oder ziehen höchstens bis nach Nordafrika.

Die etwa selbe Spannweite wie eine Straßentaube macht die Krickente zur kleinsten Ente Europas. Ihr englischer Name *Teal* gab jenem Farbton den Namen, der annähernd dem grünen Gesichtsfeld des Erpels entspricht.

Zur Hauptnahrung der Reiherente zählt die kleine Wandermuschel. Sie wurde, vermutlich über die Donauschifffahrt, aus dem Schwarzen Meer nach Mitteleuropa eingeschleppt, wovon auch die Reiherente profitierte. Der Bestand dieser Tauchente stieg im Lauf des 20. Jahrhunderts stark an.

Die Brandgans zeigt sowohl Merkmale der Enten, als auch der Gänse und gehört der Untergruppe der Halbgänse an. Zu ihren spektakulärsten Eigenschaften zählt, dass alle europäischen Brandgans-Populationen im Spätsommer an die Nordsee ziehen, um dort ihre Schwungfedern zu mausern (siehe S. 160).

Der Name der Tafelente deutet wohl auf ihr wohlschmeckendes Fleisch hin, das früher gerne als Wildbret gegessen wurde. Auch der wissenschaftliche Artname *ferina* bedeutet »Wildbret«.

Das klingelnde Flügelgeräusch der Schellerpel gab dieser nordischen Meerente ihren Namen. In Mitteleuropa brütet sie nur vereinzelt, tritt aber als regelmäßiger Wintergast auf.

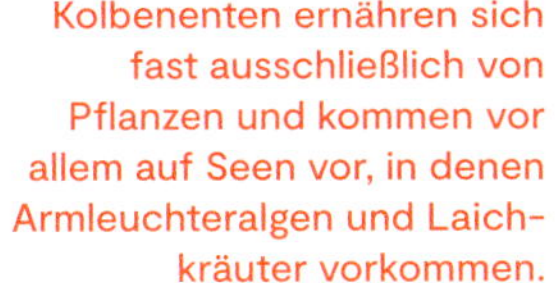

Kolbenenten ernähren sich fast ausschließlich von Pflanzen und kommen vor allem auf Seen vor, in denen Armleuchteralgen und Laichkräuter vorkommen.

Überwinternde Wasservögel
am St. Andräer Zicksee, Burgenland.

Tiefe Seen im Alpenraum frieren selten und werden im Winter deshalb zu interessanten Beobachtungsgebieten für Wasservögel (Wörthersee, Kärnten).

Besonders Tauchenten wie die Tafelente bilden im Winter stattliche Gruppen. Sie ernähren sich von Wasserpflanzen und kleinen Muscheln, die sie am Boden der Gewässer ernten.

Alle vier Arten von Seetauchern brüten im hohen Norden. Sie sind ab Oktober stets nur in kleiner Zahl auf großen und tiefen Gewässern Mitteleuropas zu sehen. Extrem selten bekommen wir Besuch vom größten Vertreter, dem Gelbschnabeltaucher.

Wenn Graugänse im Frühling kleine Küken führen, machen Mittelmeermöwen davon Gebrauch. Sie und andere Beutegreifer erfüllen die Funktion des Gegengewichts zu hohen Fortpflanzungsraten.

Das Gelege einer Graugans besteht aus etwa sechs Eiern. Manche Paare adoptieren aber die Küken (»Gössel«) anderer, wodurch übermäßig groß erscheinende Familien entstehen können.

GEGENSTAND DER WISSENSCHAFT: DIE GRAUGANS

IM PORTRÄT

Dass sie als »dumme Gans« verschrien ist, verdanken die Graugans und ihre domestizierten Nachfahren wohl dem lauten Geschnatter, das als übermäßiges Mitteilungsbedürfnis interpretiert wurde. Tatsächlich sind Gänse aber alles andere als dämlich. Im Gegenteil: Ihre besondere soziale Intelligenz macht sie zum beliebten Forschungsobjekt.

Graugänse sind in ganz Mitteleuropa verbreitet, halten sich hier aber an Tieflandregionen mit großen Gewässern. Neben den natürlichen Vorkommen wurden Graugänse auch vielerorts vom Menschen eingebracht und leben heute deshalb ebenso in ungewöhnlicheren Lebensräumen wie Parks, an kleineren Fischteichen oder an manchen Alpenseen. Wie alle Gänse zeigen auch Graugänse nur minimale Unterschiede zwischen den Geschlechtern und unterscheiden sich darin stark von den nahe verwandten Enten. Gans und Ganter sind völlig gleich gefärbt, letzterer ist im direkten Vergleich etwas größer und kräftiger gebaut.

Keine Vogelart ist in unserer Wahrnehmung so eng mit einer einzelnen Person verknüpft wie die Graugans mit Konrad Lorenz (gest. 1989). Der österreichische Zoologe ging als ein Mitbegründer der Verhaltensforschung und damit verbunden als Nobelpreisträger in die Geschichte ein. Heute ist er vielen durch Experimente zur Prägung von Junggänsen bekannt. Ab den 1930ern erforschte er an Graugänsen zum Beispiel jene Mechanismen, die bei frisch geschlüpften Küken zur Bindung an eine (vermeintliche) Elternfigur – sei es eine Gans, ein Fußball oder auch ein Mensch – führen. Jeder kennt die Fotografien, die Lorenz umringt von den auf ihn geprägten Gänsen zeigen. Darauf aufbauende, verhaltensbiologische Studien an der Modellart Graugans dauern bis heute an.

An anderer wissenschaftlicher Front wurden die Zugwege wilder Graugänse innerhalb Europas und darüber hinaus eingehend untersucht. Mit bunten Halsmanschetten markierte Individuen sind leicht in großen Gänsegruppen auszumachen. Die aufgedruckte Nummer kann mithilfe von Fernglas und Fernrohr abgelesen werden. In jüngerer Zeit kam zu diesen Farbmarkierungen auch der Einsatz von GPS-Sendern, die viel exaktere Daten über die Aufenthaltsorte der Gänse liefern. Über Jahre und Jahrzehnte gesammelte Daten zeichneten ein Bild der Wanderrouten, das sich stark geändert hat. In Europa bewegen sich Graugänse auf zwei Hauptachsen: Eine verbindet die Brutpopulationen Nord- und Westeuropas mit den Winterquartieren, die, in sinkendem Ausmaß, südwärts auf die iberische Halbinsel und nach Marokko reichen. Auf der östlichen Route bewegen sich zum Beispiel Vögel aus dem Baltikum über das östliche Mittel- und Osteuropa südwärts. Zogen die Graugänse auf diesem Weg (dem auch die Brutvögel des Neusiedler Sees folgen) in den 1980ern noch in großer Zahl bis nach Algerien und Tunesien, so kommt das heute kaum mehr vor. Der Zugweg unserer Graugänse hat sich – wohl wegen milder Winter – verkürzt und Mitteleuropa ist zu ihrem Hauptüberwinterungsgebiet geworden. —

Die Graugans ist die einzige Art ihrer Gattung, die in Mitteleuropa brütet.

LEHRREICHE MÖWEN

Wir kennen sie von der Küste, wo sie sich auf Hafenmauern sammeln oder nichts ahnenden Touristen die Pommes stibitzen, von großen Seen oder als weiße Vogelansammlungen auf kürzlich gepflügten Äckern. Auch weil sie schwer zu unterscheiden sind, werden alle Möwen gerne in einen Topf geworfen – aber sie verdienen mehr Beachtung.

Etwa 15 Möwenarten leben in Europa. Die größte Art (die Mantelmöwe mit mehr als 150 Zentimetern Spannweite) wiegt etwa 15-mal mehr als die kleinste (die amselgroße Zwergmöwe mit nur rund 100 Gramm). Manche ziehen im Winter weit nach Süden (die Baltische Heringsmöwe), manche leben nur am Meer (die Dreizehenmöwe) und andere sind auch auf Süßgewässern häufig zu sehen (die Lachmöwe). Die Verbreitungsgebiete vieler Arten haben sich in den letzten Jahrzehnten verschoben: Die Mittelmeermöwe breitet sich nach Norden aus und brütet nun auch weit abseits des Mittelmeers. Schwarzkopfmöwe und Steppenmöwe wanderten aus Osteuropa ein.

Nicht wenige Vogelbeobachter fürchten die Möwen wegen der großen Ähnlichkeit der einzelnen Arten, die im Feld für Kopfzerbrechen sorgen kann. Besonders unter den sogenannten Großmöwen, das sind jene, die erst im vierten Lebensjahr ihr Alterskleid anlegen (zu den Begriffen siehe S. 32), gibt es extrem ähnliche Arten, zum Beispiel Mittelmeermöwe, Silbermöwe und Steppenmöwe. Die Unterscheidungsmerkmale sind wenige und diese sind noch dazu recht variabel. Die Bestimmung gelingt daher kaum anhand eines einzigen, sondern aus der Kombination verschiedener Kennzeichen. Zu allem Überdruss hybridisieren viele Möwenarten gerne und zahlreich. Es gibt also in der Tat einige Möwenindividuen, die keiner (einzelnen) Art zugeordnet werden können, weil ihre Eltern unterschiedlichen Arten angehören. Besonders schwierig ist die Bestimmung von jüngeren, nicht ausgefärbten Individuen. Sie sehen bei allen Arten mehr oder weniger »gleich« aus und es braucht viel Erfahrung sowie Spezialliteratur, um die feinen Unterschiede in Gestalt, Proportionen und Gefiederdetails kennenzulernen.

Das soll Sie aber keineswegs vergrämen! Es ist unglaublich bereichernd, sich der Herausforderung zu stellen und in die Möwenbestimmung einzutauchen. Denn Möwen sind vergleichsweise leicht zu beobachten. Sie lassen sich an der Küste, entlang von Uferpromenaden oder auf Mülldeponien gut betrachten. Dort bilden sie Gruppen, in denen sich gute Vergleichsmöglichkeiten zwischen Arten und Individuen ergeben. Möwen sind groß, deshalb sind Merkmale oder einzelne Federgruppen viel leichter zu erkennen als beispielsweise bei Singvögeln. Vieles was wir aus der Möwenbestimmung lernen (z. B. die Abfolge der Mauser oder wie sich die Abnutzung des Gefieders auf das Aussehen auswirken kann), lässt sich dann auf andere Vogelgruppen übertragen. —

Die winzige Zwergmöwe brütet in Nordosteuropa. Außerhalb der Brutzeit tritt sie auch an Seen und Küsten Mitteleuropas auf, wo sie sich von Insekten und anderen Kleintieren ernährt.

Die Lachmöwe gilt als sogenannte »Zweijahres-Möwe«, da sie schon ab dem zweiten Lebensjahr ihr Alterskleid entwickelt. Jungvögel im 1. Winterkleid zeigen braune Flügeldecken, einen schwarzen Flügelhinterrand und eine schwarze Schwanzendbinde.

»Dreijahres-Möwen« wie die Sturmmöwe tragen ab dem dritten Lebensjahr das Alterskleid. Zu dieser Gruppe gehören auch Zwergmöwe, Schwarzkopfmöwe und Dreizehenmöwe.

Die sogenannten Großmöwen benötigen am längsten, bis sie ausgefärbt sind und das Adultkleid tragen. In dieser Collage von Mittelmeermöwen ist auch das Jugendkleid abgebildet, mit dem die Jungvögel das Nest verlassen. Durch den Wechsel einiger, kleiner Federgruppen (z. B. Flügeldecken, Mantel- und Schulterfedern) erhalten sie aber schon bald nach dem Flüggewerden das 1. Winterkleid.

Die Lachmöwe ist die häufigste Möwenart des Binnenlandes und tritt zumindest als Wintergast an den meisten größeren Seen und Flüssen auf. Diese lässt sich für ein Stück Brot ins Wasser der Salzach in der Salzburger Innenstadt fallen.

VERBORGENE VIELFALT IM SCHILF

Nur auf den ersten Blick wirken Schilfgürtel monoton. Sie beherbergen eine ganz besondere, stark spezialisierte Vogelwelt. Es benötigt aber einen gewissen Eifer, um die oft heimlichen Schilfvögel zu beobachten und ihre Geheimnisse zu lüften.

Das Schilf zählt zu den am weitesten verbreiteten Pflanzenarten des Planeten und bildet auf fast allen Kontinenten seine typischen, dichten Bestände. Schilfgürtel stehen am Übergang zwischen Land und Wasser, wo sie schmale Streifen bilden können oder weitläufige Flachwasserzonen bedecken. Wo immer sich ungestörte Schilfgebiete entwickeln, dienen sie einer reichhaltigen Tierwelt als Lebensraum. Aber Schilf ist nicht gleich Schilf: Je nach Ausdehnung, Höhe, Alter und Wasserstand wird es von unterschiedlichen, charakteristischen Vogelarten besiedelt. Kleinere, manchmal verlandete und zum Teil von Gebüschen durchsetzte Röhrichtbestände reichen Sumpfrohrsänger, Schilfrohrsänger, Beutelmeise, Wasserralle, Zwergdommel oder Rohrammer aus. Auch der Drosselrohrsänger benötigt keine riesigen Schilfgebiete, solange das Schilf aus starken Halmen besteht und in tieferem Wasser steht. Wo Schilf auf größerer Fläche wächst, brüten Teichrohrsänger, Rohrschwirl und Rohrweihe. Besonders weitläufige, überschwemmte Bestände benötigen Rohrdommel und Purpurreiher, die praktisch ihr ganzes Leben im Schilf verbringen. Wenn solche Gebiete auch noch über viele Jahre stehen bleiben und sich eine Schicht aus alten, umgeknickten Halmen entwickelt, kommen sie für die »Altschilfspezialisten« Kleines Sumpfhuhn und Mariskenrohrsänger infrage. Viele Vogelarten, darunter Haubentaucher, Blässhuhn oder Lachmöwe, nutzen Schilf nur als Brutlebensraum und wechseln in andere Habitate, nachdem die Jungen flügge geworden sind.

Die Vogelwelt der Schilfwälder ist keine besonders farbenprächtige. Es dominieren Brauntöne und Streifenmuster, die es Fressfeinden und uns Menschen schwer machen, die Schilfvögel zu entdecken. Die Unterscheidung vieler Schilfsingvögel ist daher kein Leichtes und sorgt bei Vogelbeobachtern anfangs für Kopfzerbrechen. Da Schilfvögel ihre Artgenossen vergleichsweise selten sehen, nutzen sie als Kommunikationskanal vor allem ihre Gesänge und Rufe. Die Lautäußerungen sind es meistens auch, die uns auf einen Vogel im Schilf aufmerksam machen. Die auffälligen Reviergesänge, die auch die Unterscheidung von optisch sehr ähnlichen Arten erlaubt, sind aber nur im Frühling zu Beginn der Brutzeit zu hören. Die Monate April bis Juni eignen sich daher am besten, um Vögel im Schilf zu finden. —

Der Mariskenrohrsänger lebt nur in großen Altschilfbeständen, in Mitteleuropa vor allem am Neusiedler See. Im Frühling ist er vom sehr ähnlichen Schilfrohrsänger gut am Gesang zu unterscheiden. Außerdem kehrt der Mariskenrohrsänger schon deutlich früher aus dem Süden zurück als sein häufigerer Verwandter.

Obwohl er fast doppelt so groß ist, sieht der Drosselrohrsänger (links) dem Teichrohrsänger sehr ähnlich. Der kräftige Schnabel und der harsche Gesang des großen Cousins erlauben die Bestimmung.

Der Sumpfrohrsänger ist der echte Doppelgänger des Teichrohrsängers. Im Frühling sind auch diese zwei am leichtesten anhand des Gesanges und an der Wahl des Lebensraumes zu unterscheiden. Sumpfrohrsänger kommen an verschilften Gräben und in feuchten Gebüschen vor, während der Teichrohrsänger größere, einheitliche Schilfbestände vorzieht.

Als »gestreifter« Rohrsänger unterscheidet sich der Schilfrohrsänger noch am deutlichsten von den »ungestreiften« auf dieser Doppelseite. Sein Zwilling ist der viel seltenere Mariskensänger (siehe S. 123).

Die Rohrdommel versteckt sich durchwegs in Röhrichtbeständen. Nur im Winter treibt der Hunger sie manchmal aus der Deckung.

Silberreiher

Bartmeise ♂

Der Schilfgürtel
des Neusiedler Sees
bei Illmitz.

Rohrammer ♂

BEOBACHTUNGSTIPP: FRÜHMORGENS IM SCHILF

Die Ufer des Neusiedler Sees sind das mitteleuropäische Mekka für Schilfvögel. An einem windstillen Morgen Ende April oder im Mai hat man hier die Möglichkeit, das ganze Artenspektrum dieses Lebensraumes zu hören und – etwas schwieriger – zu sehen. Am besten findet man sich noch in der Dunkelheit auf einer der Dammstraßen ein, die hinaus zum See führen (z. B. Breitenbrunn oder Illmitz). Bevor die Vorstellung der Singvögel so richtig in Fahrt kommt, vernimmt man die rauen Rufe der Zwergdommel, das dumpfe »uuhm« der Rohrdommel und mit viel Glück die Balzrufe des Kleinen Sumpfhuhns. Noch in der Dunkelheit mischen sich mehr und mehr melodische Reviergesänge hinzu, bis man den akustischen Überblick verliert. Man hantelt sich von leichter erkennbaren und laut singenden, zu den leiseren, unauffälligeren Arten und es vergeht einige Zeit, bis man meint, jeden einzelnen Sänger registriert zu haben. Unüberhörbar ist der einprägsame Gesang (»trr karra-karra-karra krie-krie«) des größten Rohrsängers Europas. Geschulte Ohren hören neben dem Drosselrohrsänger noch eine Reihe weiterer Arten dieser unscheinbaren Vogelgruppe. Die kleinere Schwesterart des Drosselrohrsängers, der Teichrohsänger, singt ebenso zahlreich wie der gestreifte Schilfrohrsänger, den man häufig in mit Gebüschen durchsetzten Bereichen findet. Wer geduldig auf die charakteristisch ansteigende Startsequenz des Mariskensängers wartet, kann diese seltene Art vielleicht sogar auf einem Schilfhalm singend entdecken. Eher nach einem Insekt klingt das einfältige, surrende »srrrrrrrrrr« des Rohrschwirls. Das metallische »ping-ping« vorbeifliegender Bartmeisen mischt sich mit den dünnen »zii«-Rufen der Beutelmeisen, die gerade Baumaterial für ihre kunstvollen, namensgebenden Nester sammeln. An einem besonders guten Tag vernimmt man sogar noch einmal ein Blaukehlchen, und schneller als man denkt, ist der Tag angebrochen und die Aktivität der Schilfvögel flaut langsam wieder ab.

Bevor es im Röhricht frostig wird, weichen die meisten Schilfvögel nach Süden aus. Für Insektenfresser gibt es hier im Winter kaum etwas zu holen – wenn man nicht einfallsreich wie eine Meise ist. Blaumeisen suchen die Schilfgebiete sogar erst ab dem Herbst auf: In den Halmen überwintern Insektenlarven, die sie freihacken und fressen.

HÜHNER, DIE KEINE SIND

Die meisten heimischen Rallen (Familie *Rallidae*) tragen das Wort »Huhn« im Namen. Tatsächlich sind Blässhuhn, Teichhuhn, die verschiedenen Sumpfhühner und der Wachtelkönig aber wesentlich näher mit den Trappen und Kranichen als mit den Hühnervögeln verwandt.

Dem Teichhuhn fehlen die Zehenlappen des Blässhuhns, Schnabel und Stirnschild sind rot gefärbt. Im Bild zu sehen ist ein Pärchen bei der Paarung, die auch an Land stattfinden kann und dann kein Untertauchen des Weibchens erfordert.

Kleinere Rallen wie das Tüpfelsumpfhuhn leben versteckt im Schilf, in überfluteten Seggenbeständen oder Wiesen. Sie sind deutlich leichter akustisch nachzuweisen, als zu sehen.

Das Blässhuhn ist die häufigste Ralle an unseren Gewässern. Sein Name bezieht sich auf die »Blesse«, das weiße, unbefiederte Stirnschild. Weil Blässhühner gerne schwimmen, werden sie häufig auch fälschlich für Enten gehalten.

SCHILFVÖGEL

Diese Arten brüten in größeren, zusammenhängenden Schilf- und Röhrichtflächen. Die meisten dieser Auswahl ziehen nach der Brutsaison südwärts, da sie hier im Winter nicht genügend Nahrung finden würden. Bartmeise, Wasserralle, Rohrammer und Rohrdommel können aber auch in Mitteleuropa überwintern.

—

BARTMEISE
–
Panurus biarmicus

ZWERGDOMMEL
–
Ixobrychus minutus

ROHRDOMMEL
–
Botaurus stellaris

DROSSELROHRSÄNGER
–
Acrocephalus arundinaceus

TEICHROHRSÄNGER
–
Acrocephalus scirpaceus

SCHILFROHRSÄNGER
–
Acrocephalus schoenobaenus

ROHRSCHWIRL
–
Locustella luscinioides
WASSERRALLE
–
Rallus aquaticus
♀
♂
KLEINES SUMPFHUHN
–
Zapornia parva
ROHRAMMER
–
Emberiza schoeniclus

SCHLAMM-BEWOHNER

Feuchte Wiesen, Ufer- und Flachwasserzonen werden von den sogenannten Watvögeln bewohnt. Diese Gruppe genießt bei Vogelbeobachtern, wegen ihrer Arten- und Formenvielfalt große Beliebtheit. Gleichzeitig gehören viele von ihnen zu den am stärksten bedrohten Brutvögeln.

Unter Vogelkundlern werden die Vertreter der großen Familien Regenpfeifer und Schnepfenverwandte, sowie ein paar nahestehende (z. B. Triel, Austernfischer und Säbelschnäbler) als *Limikolen* (= Watvögel) zusammengefasst. Ihnen gemeinsam ist eine Vorliebe für offene, meist feuchte Lebensräume, zum Beispiel Sümpfe, Feuchtwiesen und Küsten. Die meisten Limikolen haben lange Beine, die das Durchwaten von Gewässern oder die Fortbewegung in höherem Gras ermöglichen. Insbesondere die Schnepfenverwandten sind durch lange Schnäbel gekennzeichnet, mit denen sie stochernd nach Kleintieren im Boden suchen. Dabei kommt der extrem sensiblen (und biegsamen) Schnabelspitze eine besondere Bedeutung zu. Sie nimmt unterschiedliche Widerstände im Erdreich wahr und spürt so Würmer, Weichtiere und Insektenlarven auf.

Viele Limikolen brüten in arktischen Gebieten und unternehmen atemberaubende Wanderungen, um in Afrika oder Südeuropa zu überwintern. In Mitteleuropa erscheinen diese Arten nur als Durchzugsgäste, einige andere brüten aber hier. Feuchtgebiete mit Flachwasserbereichen werden zu den Hauptzugzeiten im Frühling und Spätsommer oft von mehreren, besonders geeignete Gewässer sogar von zehn, zwanzig oder mehr Limikolen-Arten zeitgleich genutzt. Sie halten sich dabei in unterschiedlichen Uferbereichen und Wassertiefen auf und erlauben einen direkten Vergleich. Unterschiede in der Länge und Form des Schnabels sind feine Anpassungen an bestimmte Bereiche der Feuchtlebensräume. Diese Einnischung erlaubt es jenen Arten, die im selben Bereich nach Nahrung suchen, nebeneinander zu existieren, ohne dabei ständig in Konkurrenz zu treten. —

Der Alpenstrandläufer brütet nicht in den Alpen, sondern an den Küsten und in der Tundra Nordeuropas. Als Durchzügler und Wintergast ist er auch in Mitteleuropa, jedoch kaum einmal in den Alpen zu finden.

limikol *[von spätlatein. limicola = Schlammbewohner], limicol, schlammbewohnend*

»Der Schnabel ist so verschieden gestaltet, dass eine Beschreibung desselben an dieser Stelle nicht thunlich erscheinen kann.«

Alfred Edmund Brehm über die »Stelzvögel« in *Brehms Thierleben*, 1883

Triel

Dunkler Wasserläufer

Flussregenpfeifer

Sichelstrandläufer

Steinwälzer

Terekwasserläufer

Nicht alle Vogelnamen scheinen gut gewählt zu sein. Der des Sanderlings passt: Außerhalb der Brutzeit ist er eng an Sandstrände gebunden. Im Binnenland sieht man ihn am ehesten an vegetationslosen, sandigen Gewässerufern.

Die Bekassine versenkt ihren extrem langen Schnabel ganz im Schlamm, um mit der empfindlichen Schnabelspitze Insektenlarven und Weichtiere aufzuspüren. In Mitteleuropa brütet diese Schnepfe nur noch selten. Als Durchzügler aus nordöstlichen Gebieten ist sie noch häufiger.

Wenn Rotschenkel im März in ihrem Brutgebiet eintreffen, verpaaren sie sich häufig wieder mit dem gleichen Partner wie in den Vorjahren. Die Begattung ist ein schwieriger Balanceakt und verläuft nur selten erfolgreich. Dementsprechend häufig ist diese Position vor der Eiablage bei vielen Vögeln zu beobachten.

Während der Brutzeit sind Säbelschnäbler unangenehme Nachbarn. Vehement versucht dieser Altvogel, der sein Nest unweit am Ufer angelegt hat, eine Brandgans zu vertreiben.

Ideale Brutgebiete der Uferschnepfe sind feuchte Wiesen und Weiden, die in Mitteleuropa kaum mehr außerhalb von Schutzgebieten zu finden sind. Der imposante Vogel ist deshalb akut bedroht und als Brutvogel aus vielen Regionen bereits völlig verschwunden.

Der Austernfischer kommt an vielen Küsten Europas vor. Ein Schwerpunkt der Verbreitung liegt an der deutschen Nordseeküste, wo er mitunter – wie in diesem Bild von der Insel Föhr – auch auf begrünten Hausdächern brütet. Da die Küken, im Unterschied zu anderen Limikolen, von den Eltern mit Futter versorgt werden, müssen sie nicht gleich nach dem Schlüpfen vom Dach springen und selbst Nahrung suchen.

Das Odinshühnchen brütet an Tümpeln im nördlichsten Europa und überwintert schwimmend auf offener See im Arabischen Meer. Bei dieser Limikole sind die Geschlechterrollen vertauscht: Die prächtigeren Weibchen (im Bild) tragen untereinander heftige Kämpfe um mögliche Partner aus und überlassen die Bebrütung der Eier sowie die Aufzucht der Jungen dann alleine den Männchen.

VERSCHWINDENDER FRÜHLINGSBOTE: DER KIEBITZ

IM PORTRÄT

Der starke Kontrast zwischen Ober- und Unterseite ist ein weithin sichtbares Signal, besonders in den offenen und flachen Lebensräumen, die der Kiebitz bewohnt.

Wenn die Felder noch kahl und braun sind, kehren ab Ende Februar die Kiebitze zurück nach Mitteleuropa. Die Männchen des größten Regenpfeifers beginnen dort sofort, mögliche Brutplätze zu besetzen und durch ihre spektakuläre Flugbalz zu markieren.

Die Vorstellung verläuft immer nach dem gleichen Muster: Der Fortpflanzungswillige erhebt sich mit einigen besonders langsamen Flügelschlägen vom Boden und fliegt diesen tief entlang. Plötzlich steigt er bis zu 15 Meter senkrecht empor, ruft ein Mal, verlangsamt seinen Flug und fliegt einige Meter parallel zum Boden hoch in der Luft. Einzelne, schrille Rufe sind zu hören, der Kiebitz gewinnt noch einmal kurz an Höhe, wo ihm dann ein »chiuwitt« entfährt. Von hier stürzt er sich halsbrecherisch hinab und vollführt eine oder zwei vollständige, manchmal gegengleiche Rollen. Kurz bevor er in den Ackerboden zu donnern droht, fängt er den Sturzflug sanft ab und geht in den bodennahen Wuchtelflug über: Abwechselnd präsentiert der Kiebitz seine weiße Unter- beziehungsweise seine schwarze Oberseite – ein weithin sichtbares, visuelles Signal an Rivalen und brutwillige Weibchen. Die langen, inneren Handschwingen erzeugen dabei ein wummerndes Geräusch. Zum Schluss landet der Kiebitz-Mann engelsgleich mit geöffneten Flügeln wieder am Boden.

Die Luftakrobatik des Kiebitzes mit den dazugehörigen, kuriosen Lautäußerungen zählt schon Jahrhunderte, nachdem der Mensch große Flächen Mitteleuropas entwaldet hatte, zum typischen Naturinventar unserer Kulturlandschaften. Die Blütezeit des schönen Tiers auf Wiesen, Weiden und Feldern ist in unseren Breiten aber vorbei: Bestandseinbrüche von 40 bis 90 Prozent wurden in den vergangenen Jahrzehnten in Österreich und Deutschland dokumentiert. Besonders dramatisch ist die Situation in der Schweiz, wo nur mehr rund 100 Paare brüten. Mit den vorherrschenden Bewirtschaftungspraktiken kann der Kiebitz nicht mehr mithalten. Gelege und Küken fallen den Traktoren und der Nahrungsarmut auf intensiv genutzten Ackerflächen zum Opfer. Extensiv genutztes Weideland und Feuchtwiesen sind in den vom Kiebitz besiedelten Tieflagen zugunsten von Mais und anderen biodiversitätsfeindlichen Intensivkulturen weitgehend verschwunden. Fressfeinde wie der Fuchs sind nicht die Ursache für den Rückgang, können kleinen Restpopulationen des Bodenbrüters aber den Dolchstoß versetzen. Eigentlich sind Kiebitze gut gerüstet, um ihren verletzlichen Nachwuchs zu verteidigen. Sie attackieren Bedrohungen am Boden und aus der Luft vehement und in gemeinschaftlicher Zusammenarbeit mit benachbarten Paaren. Darin liegt ein weiteres Problem der oft nur mehr winzigen Brutkolonien: Einzelne Paare schaffen es ohne die Hilfe ihrer Nachbarn schlechter, Fressfeinde zu vertreiben. Die Hoffnung für den Kiebitz liegt in gesunden Kolonien mit vielen Paaren, wo die Verteidigung des Nachwuchses gelingt. Und zum Schluss noch die Antwort auf die drängendste Kiebitz-Frage: Als Ursprung der Bezeichnung für den Beobachter beim Kartenspiel kommen zum Beispiel jiddische oder rotwelsche Begriffe infrage. Auf den Vogel mit dem hübschen Federschopf (siehe S. 171) geht er aber nicht zurück. —

AUF LANGEN STELZEN

Der Stelzenläufer hält den Weltrekord als »langbeinigster Vogel der Erde«. Dieser Titel bezieht sich auf die Relation von Beinlänge zu Körpergröße: Die scharlachroten Stelzen messen 60 Prozent der gesamten Körperlänge. In Europa kommt der »Cavaliere d'Italia«, wie er südlich der Alpen genannt wird, vorwiegend in den wärmsten Regionen vor. Lokal brütet er auch in Österreich, sowie unregelmäßig in Deutschland und der Schweiz.

Das Weibchen unterscheidet sich vom Männchen durch den braunen Rücken.

Ihr Nest legen Stelzenläufer am Ufer, falls möglich aber auf einer für Fressfeinde unerreichbaren Insel an. Steigt der Wasserstand, wird das Nest mit zusätzlichem Material höher gebaut, um die Eier trocken zu halten. Auch das Männchen beteiligt sich an der Brutpflege.

Die Küken schlüpfen nach etwa vier Wochen. Sie werden nicht gefüttert und müssen, unter Aufsicht der Altvögel, gleich selbst nach Nahrung suchen. Bis ihre Beine ausgewachsen sind, vergehen mehrere Monate.

Um sich auszuruhen oder aufzuwärmen nutzen die Kleinen ihre Eltern als mobilen Unterstand, den dieses Küken gerade verlässt.

In puncto Aggressivität am Brutplatz stehen sie ihren Verwandten um nichts nach: Hier vertreibt ein weiblicher Stelzenläufer (oben) einen Säbelschnäbler.

STREITHÄHNE

Kampfläufer brüten in Skandinavien und Sibirien und überwintern vorwiegend südlich der Sahara. An unseren Gewässern treten sie nur als Durchzügler auf. Gegen Ende des Frühlingszuges im Mai kann man die Männchen manchmal in ihrem voll ausgebildeten Prachtkleid, mit der einmaligen Halskrause sehen. Kein Vogel scheint einem anderen zu gleichen, so viele verschiedene Farbvarianten gibt es unter ihnen. Weibchen hingegen sehen immer gleich aus. An den Brutplätzen in der Tundra führen die Hähne Schaukämpfe vor dem weiblichen Publikum durch. Manchmal kommen wir auch hier in Mitteleuropa in den Genuss einer Vorführung, wenn bereits an den Rastplätzen die Hormone mit ihnen durchgehen.

Möwen, Seeschwalben, Limikolen und andere Vogelgruppen sind am Meer besonders gut zu beobachten. Hier bei IJmuiden, Holland.

VÖGEL BEOBACHTEN AM MEER

Am Meer leben Vogelarten, die wir im Binnenland nie oder nur mit sehr viel Glück zu Gesicht bekommen. Küsten bündeln als Leitlinien außerdem das Zuggeschehen, weswegen hier im Frühling und Herbst besonders große Ansammlungen beobachtet werden können.

Den Vogelzug an der Küste oder auf kleinen Inseln zu beobachten ist ein besonderes Erlebnis. Arten, die überwiegend an Land leben, überqueren das Meer äußerst ungern. An neuralgischen Punkten verdichten sich ihre Flugwege, um möglichst lange über dem Land fliegen zu können. Meeresabschnitte oder große Buchten überqueren Singvögel, Greifvögel und viele andere meist dort, wo die kürzeste Flugstrecke über das offene Wasser möglich ist. Inseln werden dann zu wichtigen Trittsteinen und Rastplätzen. Besonders während Schlechtwettereinbrüchen, die Vögel während der Meeresquerung in Not bringen und zur Landung zwingen, ergeben sich skurrile Bilder. Auf Helgoland oder Inseln in der Ostsee können sich dann unzählige Singvögel tummeln, die in den wenigen Gehölzen Schutz suchen, bis sie weiterziehen. Meeres- und Wasservögel ziehen hingegen problemlos über die offene Wasserfläche. Sie beobachtet man am besten von exponierten Küstenabschnitten, die weit ins Meer ragen. Bei der Beobachtung von Seevögeln auf dem offenen Meer (»Seawatching« – am besten mit Spektiv) ist nicht nur die eigene Positionierung wichtig. Der Flugverkehr von Alken, Tölpeln, Sturmtauchern und Raubmöwen passiert oft so weit draußen, dass wir vom Land aus nur winzige Punkte wahrnehmen können. Als Helfer steht uns dann ausnahmsweise der Wind zur Seite, der bei der Vogelbeobachtung eigentlich kein guter Begleiter ist (siehe S. 20): Starker, anlandiger Wind drückt die über dem Meer fliegenden Vögel näher in Richtung Land und macht sie für uns – von einer windgeschützten Stelle aus – besser sichtbar.

Der Wechsel zwischen Ebbe und Flut gibt für Vögel der Küsten den Tagesrhythmus vor – mehr noch als Tag und Nacht. Besonders dort, wo die Ebbe große Schlickflächen freigibt, die sich zur Nahrungssuche eignen (z. B. am Wattenmeer), passen Vögel ihre Aktivitätsphasen an die Gezeiten an. Möwen, Limikolen und verschiedene Entenvögel suchen diese Plätze bei Ebbe und ungeachtet der Tageszeit auf. Es kann also passieren, dass sich große Vogelschwärme in der Nacht zur Nahrungssuche aufmachen. Bei Flut rasten und schlafen sie und bilden oft sogenannte Hochwasserrastplätze. An diesen leicht erhöhten Strandabschnitten können sich Hunderte oder Tausende Vögel verschiedener Arten einfinden, bis das Wasser wieder zurückweicht. —

Brandseeschwalben brüten ausschließlich an den Meeresküsten. Als Gäste erscheinen sie aber auch an großen Binnengewässern.

Eiderenten tauchen im Meer nach Muscheln und sind perfekt an das raue Leben an Nordatlantik, Nord- und Ostsee angepasst. Vereinzelt brütet die größte Ente der Nordhalbkugel aber sogar an Schweizer Seen.

Trottellummen und ihre Verwandten sind die »Pinguine des Nordens« – können aber hervorragend fliegen. Nur zur Fortpflanzung kommen sie an steile Felsküsten, wo sie riesige Brutkolonien bilden. Den Rest des Jahres verbringen sie am offenen Meer. Das einzige Brutvorkommen im deutschsprachigen Raum besteht auf der Insel Helgoland.

Im Prachtkleid glänzt das Gefieder der Krähenscharbe intensiv metallisch grün.

Die Krähenscharbe ist mit dem Kormoran verwandt, lebt anders als dieser aber nur am Meer.

Die Ansammlungen von Limikolen im deutschen Wattenmeer nehmen zu den Zugzeiten atemberaubende Ausmaße an. Die bei Ebbe trocken fallenden Schlammflächen bieten Millionen Vögeln, auch diesen Rotschenkeln, Nahrung.

REISENDE ZWISCHEN DEN POLEN – DIE KÜSTENSEE-SCHWALBE

IM PORTRÄT

Der kürzere, ganz rote Schnabel, die dunkler graue Unterseite und die längeren Schwanzspieße der Küstenseeschwalbe unterscheiden sie von der ähnlichen Flussseeschwalbe.

Dieser elegante Meeresbewohner hält den Rekord für die weiteste Zugstrecke aller Vögel. Küstenseeschwalben brüten im Sommer an den Küsten des Nordens und überwintern an der Packeisgrenze der Antarktis. Sie halten sich also stets dort auf, wo die Tage am längsten sind und genießen dadurch mehr Sonnenschein als jede andere Vogelart.

Jährliche Wanderungen über 40 000 Kilometer sind für Küstenseeschwalben Routine. Keine Vogelart bestreitet so regelmäßig einen so langen Weg. Rechnet man auch noch die Flüge zur Suche nach kleinen Fischen, Garnelen und Krill mit ein, ergeben sich Flugstrecken von 100 000 Kilometern und mehr pro Jahr. Küstenseeschwalben wiegen nur etwa 100 Gramm, erreichen aber durchaus das stolze Alter von 30 Jahren. Ihr Name ist Programm: Sie hält sich mehr oder minder strikt an den Küsten oder, außerhalb der Brutsaison, am offenen Meer auf. Im deutschsprachigen Raum brütet sie regelmäßig an den Küsten von Nord- und Ostsee, wo sie zwischen Mai und August in den Brutkolonien zu sehen ist. Wie häufig die Küstenseeschwalbe (in großer Höhe) auch die Kontinente überquert, ist unklar. Dass sie es aber zumindest gelegentlich tut, steht außer Frage.

Für Vogelbeobachter ist die Unterscheidung von der Flussseeschwalbe eine willkommene Herausforderung. Die beiden sehr ähnlichen Arten treten am Meer nebeneinander auf, als seltene aber regelmäßige Durchzügler können Küstenseeschwalben jedoch auch an großen Gewässern im Binnenland gefunden werden. Besonders gut sind die Chancen dazu im Mai, wenn Küstenseeschwalben aus dem Süden zurückkehren. Es ist wohl der schwierigen Bestimmung geschuldet, dass die Küstenseeschwalbe erst 1979 erstmals in Österreich beobachtet wurde. Um die beiden Zwillingsarten sicher auseinanderhalten zu können, müssen feine Unterschiede der Färbung und Körperproportionen erkannt werden. Dank besserer Bestimmungsbücher und neu erkannter Unterscheidungsmerkmale wurden die Beobachtungen seit damals immer regelmäßiger, und sogar als überraschender Brutvogel wurde die Küstenseeschwalbe fernab der Küsten, zum Beispiel am Ammersee, am Bodensee oder am Neuenburger See, nachgewiesen. Zum Teil bildeten einzelne Küstenseeschwalben Mischpaare mit Flussseeschwalben, die auch erfolgreich Jungvögel hervorbrachten. —

»Seite an Seite landen Männchen und Weibchen und gratulieren einander zur glücklichen Beendigung ihrer langen Reise.«

John James Audubon in *Birds of America*, 1827–1838

Mausernde Brandgänse (hell) und Eiderenten (dunkel) im Wattenmeer vor Dithmarschen, Deutschland. Während sie jedes Jahr im Sommer ihre Schwungfedern wechseln, sind Entenvögel für mehrere Wochen flugunfähig. Brandgänse aus allen Teilen Europas ziehen deshalb ab Juli an die Nordsee, wo sie Nahrung finden und auf Sandbänken vor Fressfeinden sicher sind. Wenn die neuen Federn gewachsen sind, lösen sich die Ansammlungen wieder auf.

Kapitel vier

Kultur-folger

GOLDAMMER

–

Emberiza citrinella

VON WEGEN WILDNIS

Verbauung und Landwirtschaft nehmen verbliebene, naturnahe Flächen in die Zwickmühle.

Durch unsere massive Einflussnahme auf die Natur haben wir Menschen Mitteleuropa nahezu vollständig zur Kulturlandschaft gemacht. Weder Acker- noch Wiesengebiete sind ursprüngliche Lebensräume, und fast alle Wälder, so undurchdringlich sie erscheinen mögen, genauso wie Flüsse, Seen und Gebirgslandschaften, sind in ihrer heutigen Form zumindest in Teilen das Produkt menschlichen Wirkens.

Wir Menschen sind überall und nutzen nahezu jeden Winkel für die Landwirtschaft, um Häuser zu bauen oder zur Erholung. Wildnis, also Gebiete wo die Natur wirklich unberührt ist und sich vom Menschen weitgehend unbeeinflusst entwickeln darf, ist in unseren Breiten heute eine wertvolle Seltenheit. Kulturflüchter, also Tierarten, die dem Menschen möglichst fern bleiben und durch unsere Aktivitäten keine besonderen Vorteile genießen, haben es deshalb schwer und sind selten geworden. Unter den Vögeln sind das zum Beispiel Haselhuhn, Schwarzstorch oder Habichtskauz.

Viel besser geht es unter der Dominanz des Menschen den Kulturfolgern. Das sind jene Arten, die in unserer Nähe, in von uns beeinflussten Gebieten oder sogar direkt in unseren Behausungen günstige Lebensbedingungen vorfinden – ohne dass wir gezielt etwas dazu beitragen. Kulturfolger profitieren also, manche stärker als andere, von unserem Wirken. Fast die Hälfte der Brutvögel Österreichs sind in der einen oder anderen Form Kulturfolger. Viele kommen zwar nicht ausschließlich in Menschennähe vor, erreichen dort aber höhere Dichten als in vom Menschen weniger beeinflussten Gebieten. Ein berühmtes Beispiel ist die Amsel, die sich erst in den letzten 200 Jahren vom scheuen Waldvogel zum vertrauten Bewohner von Gärten und Parks entwickelt hat. Und auch die Aaskrähe (unter diesem Sammelbegriff sind Nebelkrähe und Rabenkrähe gemeint) lebt kaum einmal einige Kilometer vom nächsten Dorf entfernt – so sehr schätzt sie das vom Menschen geschaffene Nahrungsangebot. Ein junger Kulturfolger ist die Ringeltaube. Dieser Waldvogel hat sich erst in den letzten Jahrzehnten, zuerst in West- und dann in Mitteleuropa, in die Siedlungsräume ausgebreitet und zählt heute in vielen Parks und Gärten ebenso zum Inventar wie Türkentaube und Straßentaube. —

Nebelkrähen sind, genauso wie Rabenkrähen, überall dort zu Hause, wo Menschen leben.

Seit Mitte des 20. Jahrhunderts hat sich die Ringeltaube in Mitteleuropa vom Waldvogel zur Stadtbewohnerin gewandelt und überwintert hier jetzt auch zahlreich.

Kulturfolger Amsel:
Die ursprünglich waldbewohnende Drossel hat die Vorzüge des Lebens in Gärten und Parks erkannt. Dieses Männchen fängt Zierfische aus einem kleinen Teich.

Kulturflüchter Schwarzstorch: Ganz im Gegensatz zu seinem weißen Cousin, meidet der Schwarzstorch die Nähe zum Menschen. Im Hintergrund ist ein Graureiher zu sehen.

FELDER STATT WALD

Unter den heutigen, klimatischen Bedingungen wäre Mitteleuropa ganz überwiegend von Wald bedeckt. Ausnahmen sind zum Beispiel Gewässer und das Hochgebirge, wo kein Waldwachstum möglich ist, oder kleine, sehr karge Flächen im Tiefland.

Tatsächlich ist heute nur ein vergleichsweise kleiner Anteil der Landschaft bewaldet (47 Prozent der Staatsfläche von Österreich und jeweils etwa ein Drittel der Schweiz und Deutschlands). Ein großer Teil der ursprünglichen Waldfläche ist in den vergangenen Jahrhunderten menschlicher Rodung, Bewirtschaftung und Besiedelung zum Opfer gefallen. Unser anhaltender Flächenhunger hat sich auch stark darauf ausgewirkt, welche Vogelarten heute bei uns heimisch sind. Die Felder und Wiesenlandschaften, denen Wälder weichen mussten, erlaubten es Vögeln offener Landschaften (z. B. aus den Steppengebieten Osteuropas und Asiens), ihre Verbreitungsgebiete nach Mitteleuropa auszudehnen. Haubenlerche, Gartenrotschwanz, Steinkauz oder Wiedehopf siedelten sich an. Doch viele der ehemaligen Profiteure dieser Entwicklung können mit unserem »Fortschritt« nicht mehr mithalten. Die Intensivierung der landwirtschaftlichen Flächen in den letzten Jahrzehnten hat dazu geführt, dass die Bestände von Feld- und Wiesenvögeln deutlicher abnehmen, als es bei Vogelarten im Wald oder im Gebirge der Fall ist. Auf den Feldern, in den Wiesen und Obstkulturen gibt es nicht mehr genügend Nahrung und Rückzugsorte für das einst reiche Vogelleben. Die Zusammenlegung von kleinen zu riesigen Äckern und der damit einhergehende Verlust von Hecken, Ackerrainen und anderen, Schutz und Nahrung bietenden Strukturen, sowie der Einsatz von Giften zur Bekämpfung von ungeliebten Ackerbeikräutern und Insekten haben dazu geführt, dass einst sehr häufige Arten wieder verschwinden. Liest man ältere Quellen oder hört die Erzählungen von Zeitzeugen, wird die dramatische Verschlechterung schmerzhaft deutlich: Von bis zu 400 steirischen Brutpaaren der Blauracke in den 1950er-Jahren sind heute noch die letzten ein bis zwei übrig. Das Rebhuhn ist in der Schweiz ausgestorben, genauso wie in mehreren österreichischen Bundesländern und in Teilen Süddeutschlands. Auch Wachtel, Kiebitz, Turteltaube, Raubwürger, Feldlerche, Braunkehlchen, Schwarzkehlchen, Ortolan, Grauammer – die Liste ließe sich noch lange fortsetzen – sind in vielen Regionen bereits verschwunden, stehen kurz davor oder verzeichneten massive Bestandseinbußen. —

Vorherrschende Bewirtschaftungspraktiken lassen keinen Raum für Rebhuhn & Co.

Die vorhandenen Schutzgebiete scheinen die Vögel der Weiden, Wiesen und Äcker nicht retten zu können. Es braucht eine Trendwende in der Landbewirtschaftung, um ein Überleben von Feldvögeln auch in konventionell genutzten Bereichen zu ermöglichen.

Trotz Förderung für brachliegende Flächen kommen Rebhuhn und Kiebitz in der modernen Ackerlandschaft nicht zurecht. Sie drohen aus weiteren Regionen zu verschwinden.

Kiebitz

IM STURZFLUG – DIE GRAUAMMER

IM PORTRÄT

Äußerlich sind die Geschlechter der Grauammer nicht zu unterscheiden. Aber nur Männchen singen.

Sie ähnelt auf den ersten Blick vielleicht einem gewöhnlichen Sperling und hat so gar nichts Auffälliges an sich. Und trotzdem wirkt die Grauammer, ein pummeliger, fast starengroßer Singvogel, durchaus charismatisch. Als »Flaggschiff« im Kampf für eine naturfreundlichere Landwirtschaftspolitik ist sie freilich viel schlechter geeignet als ähnlich stark bedrohte Publikumslieblinge – wie Rebhuhn oder Kiebitz. Deshalb sei der »Baumlerche«, wie sie im 19. Jahrhundert mitunter genannt wurde, hier der Platz gewidmet, der sonst farbenprächtigeren Arten vorbehalten ist.

In der heimischen Vogelwelt zählt die Grauammer zu den ganz großen Verlierern des 20. Jahrhunderts. Ihr Bestand hat in Österreich, Süddeutschland und der Schweiz in wenigen Jahrzehnten um 80 bis 90 Prozent abgenommen. Modern bewirtschaftete, kahl geschorene und zu Tode gespritzte Agrarflächen vertragen sich nicht mit der Vorliebe der Grauammer für brachliegende Flächen, unordentliche Wiesen, kahle Bodenstellen und ungepflegte Ackerraine. Der Trend hält leider an, und der gefährdete Feldvogel wird wohl aus weiteren Regionen verschwinden. Nicht nur deshalb bekommen wir ihn selten zu Gesicht. Lediglich wenn die Männchen im Frühjahr und Sommer ihren metallisch-klirrenden Gesang vortragen, erweckt die Grauammer mit aller Kraft unsere Aufmerksamkeit. Denn dabei setzen sich die Männchen der bulligen Körnerfresser auf die Spitze eines Busches oder einer Staude und öffnen ab und an den Schnabel, dem dann eine minimalistische, abfallende Strophe entweicht, die manche mit dem Klimpern eines Schlüsselbundes assoziieren. So und kaum anders bekommen wir die Grauammer vor das Fernglas. Sonst scheint sie nahezu unsichtbar: Die Nahrungssuche erfolgt am Boden, oft verdeckt von hohem Gras, und auch das Nest wird dort angelegt. Ganz anders als die streitlustigen Männchen müssen die Weibchen den durch Gesang markierten Reviergrenzen keine Beachtung schenken. Sie können sich in mehreren Territorien frei bewegen und nach dem passenden Partner suchen. Ältere (erfahrenere) Männchen wirken auf die Damen attraktiver als jüngere. Deshalb können diese oft mehrere Weibchen zur Brut in ihrem Revier bewegen, was den jüngeren Mitstreitern seltener gelingt.

Außerhalb der Brutzeit schließen sich Grauammern – wo es noch welche gibt – in Gruppen zusammen, die man gegen einen grauen Winterhimmel nur mit Mühe von ähnlich großen Finken, anderen Ammern, Lerchen oder Piepern unterscheiden kann. Wer sich aber neben den Gesängen auch die Rufe angeeignet hat, erkennt das sanfte »pix«, das von den fliegenden Vögeln zu hören ist. Selten hat man im Spätsommer, Herbst oder Winter das Glück, einen ganzen Trupp in einer Baumkrone ruhend zu entdecken. Wenn dann auch noch die Sonne durch die Wolken blinzelt und in den Ammern Frühlingsgefühle weckt, entfährt dem einen oder anderen Männchen, ganz ungeachtet seiner im selben Geäst sitzenden Konkurrenten, auch eine kurze Gesangsstrophe und zerstreut damit die letzten Zweifel an der Bestimmung. —

Die Blauracke ernährt sich von großen Insekten, die in unserer intensivierten Kulturlandschaft schon vor Jahrzehnten selten geworden sind. In den 1990er-Jahren starb sie als Brutvogel in Deutschland aus. Der österreichische Restbestand in der Steiermark sinkt seit Jahrzehnten dramatisch und steht nun bei vereinzelten Brutpaaren.

Sumpfohreulen sind in Deutschland und Österreich sehr seltene Brutvögel. In Jahren mit gutem Nahrungsangebot können die Bestände aber kurzfristig sprunghaft ansteigen, da diese Art ihr Brutgebiet über große Strecken verlagern kann, um nahrungsreiche Regionen aufzusuchen. Ein mit einem Sender markiertes Weibchen brütete im selben Jahr zweimal, in Schottland bzw. in Norwegen.

BEDROHTE FELD- UND WIESENVÖGEL

In keinem Lebensraum sind so viele Vogelarten vom regionalen Aussterben bedroht, wie in den Kulturlandschaften. Die Brutbestände dieser Arten haben in Mitteleuropa besonders stark abgenommen.

—

REBHUHN
–
Perdix perdix

WACHTEL
–
Coturnix coturnix

WACHTELKÖNIG
–
Crex crex

BLAURACKE
–
Coracias garrulus

WIEDEHOPF
–
Upupa epops

RAUBWÜRGER
–
Lanius excubitor

SUMPFOHREULE
–
Asio flammeus

WIESENWEIHE
–
Circus pygargus

TURTELTAUBE
–
Streptopelia turtur

KIEBITZ
–
Vanellus vanellus

SCHWARZKEHLCHEN
–
Saxicola torquatus

BRAUNKEHLCHEN
–
Saxicola rubetra

FELDLERCHE
–
Alauda arvensis

ORTOLAN
–
Emberiza hortulana

GRAUAMMER
–
Emberiza calandra

AUF DEN MENSCHEN ANGEWIESEN

Manche Vogelarten sind so ausgeprägte Kulturfolger, dass es kaum vorstellbar scheint, wie sie gelebt oder überlebt haben, bevor sie sich dem Menschen anschlossen. Einige haben sich überhaupt nur in direkter Nähe zum Menschen ausgebreitet und kommen auch heute nur in bewohnten Gebieten vor.

01 Der Haussperling breitete sich mit dem Menschen in Siedlungsgebiete auf der ganzen Welt aus.
—
02 Schleiereulen brüten in dunklen Winkeln von Scheunen, Dachböden oder speziellen Nistkästen.
—
03 Die selben jungen Schleiereulen, 17 Tage später.
—
04 Türkentauben kolonisierten Mittel-, West- und Nordeuropa ab den 1930er-Jahren mit erstaunlicher Geschwindigkeit.

Der Haussperling siedelte sich beispielsweise überall dort an, wo wir sesshaft wurden und begannen, Ackerbau zu betreiben. Auch die Türkentaube, die erst im 20. Jahrhundert aus ihrem vormaligen Verbreitungsgebiet (Asien, westwärts bis in die Türkei und später am Balkan) sehr erfolgreich nach Mittel-, West- und Nordeuropa vorgedrungen ist, lebt immer Seite an Seite mit dem Menschen. Der erste Brutnachweis in Österreich gelang 1943 in Wien-Döbling. Schon Anfang der 1950er-Jahre trat sie dann »in Scharen« auf und brütete in fast allen Bundesländern. 1945/46 wurde sie als Brutvogel in Bayern und 1952 in der Schweiz festgestellt. 1964 konnte sie dann bereits erstmals in Island nachgewiesen werden. 70 Jahre später zählt die Türkentaube bei der großen, jährlichen Vogelzählung »Stunde der Wintervögel« bereits stets zu den 20 häufigsten Vogelarten in unseren Gärten.

Auch die Schleiereule brütet bei uns ausschließlich in Gebäuden und nur dort, wo Scheunen und Schuppen einen zugänglichen, dunklen und ruhigen Brutraum bieten. Die Mehlschwalbe kennen wir hauptsächlich als Gebäudebrüter an Hausfassaden. Da und dort kann man aber noch beobachten, wie Kolonien ihre Nester in Felswände kleben. Die Rauchschwalbe sucht ebenfalls die Nähe des Menschen. Sie brütet nicht an, sondern bevorzugt in Gebäuden, weshalb offene Stallfenster für sie so wichtig sind. Der Mauersegler – ein echter Stadtvogel, der Dachböden bewohnt – brütet nur noch selten in natürlichen Baumhöhlen. Und der Weißstorch errichtet seinen Horst in unseren Breiten fast immer auf Schornsteinen, Strommasten oder ähnlichen Strukturen im Siedlungsgebiet. Doch da und dort (z. B. im niederösterreichischen Marchegg) existieren noch baumbrütende Kolonien, die einen Eindruck vom Leben der Störche vermitteln, bevor sie zu Kulturfolgern wurden. —

01

02

03

04

An den Kreidefelsen im Nationalpark Jasmund (Insel Rügen) brüten Mehlschwalben fernab von Gebäuden.

Junge Mehlschwalben im
Zwist um einen Sitzplatz.

Mehlschwalben sammeln
sich im Spätsommer,
vor dem Abzug nach Afrika,
in Hardegg, Niederösterreich.

Rauchschwalben errichten ihr Nest fast ausschließlich an menschlichen Strukturen, nutzen dazu aber geschütztere Orte als die Mehlschwalbe. Dieses Weibchen wacht neben seinem Nistplatz unter einem Bootssteg.

Dieser Weißstorch-Horst beherbergt neben den Hausherren auch noch eine kleine Kolonie von Haussperlingen, die zwischen den Ästen brüten.

In Südeuropa und Nordafrika überwintern Weißstörche mitunter in großer Zahl auf Mülldeponien. Längst nicht alle bestreiten heute die lange Wanderung ins südliche Afrika.

LEBENSRAUM STADT

01 Altstädte bieten viele Nischen, die sich als Nistplätze für ursprüngliche Gebirgsbewohner eignen. In der Grazer Innenstadt leben unter anderem Turmfalke, Wanderfalke, Hausrotschwanz, Mehlschwalbe und Mauersegler.

—

02 Wanderfalken haben die Städte erst später erobert als der Turmfalke. Bruten auf hohen Gebäuden kommen in der Schweiz und in Deutschland regelmäßig vor, sind in Österreich aber noch immer die Ausnahme.

Städte verfügen zwar selten über wirklich hochwertige, naturbelassene Lebensräume, sie bieten Vögeln aber andere Vorteile. So werden Wildtiere in der Stadt nicht bejagt, weshalb sie hier oft auch vertrauter sind als am Land. In Städten ist es wärmer als im Umland, was den Energieverbrauch im Winter senkt. Viel Nahrung gibt es für Kleinvögel in Parks und Gärten, wo sie von Vogelfreunden gefüttert werden. Und auch ganz unbeabsichtigt stellen wir Vögeln Fressbares zur Verfügung: Kläranlagen, Mülldeponien und Häfen ziehen oft rekordverdächtige Ansammlungen von Allesfressern wie Möwen oder Krähen an.

Für ursprüngliche Felsbrüter sind Gebäude ein guter Ersatzlebensraum, wo sie nisten können und im besten Fall auch Nahrung finden – noch dazu in oft günstigerem Klima als hoch oben in den Bergen. Hausrotschwanz, Mauersegler, Mehlschwalbe und Dohle besiedeln gerne felsige Bereiche und zählen heute auch zu den häufigsten Stadtvögeln. Als Kulturfolger ist der Alpensegler in unseren Breiten, am Nordrand seines Verbreitungsgebietes, noch weniger bekannt. Der große, weißbäuchige Verwandte des Mauerseglers breitet sich aber zusehends nordwärts aus und hat seit Anfang der 2000er-Jahre zum Beispiel Gebäude in Lindau oder Bregenz und kürzlich sogar in Debrecen besiedelt. Der Turmfalke ist eine generell sehr anpassungsfähige und deshalb erfolgreiche Art, die in den Städten vor allem von den vielen Nistnischen in alten Gebäuden profitiert. Im Zentrum Wiens siedeln besonders viele Paare, die dort allerdings (aufgrund schlechterer Nahrungsverfügbarkeit) weniger Junge großziehen können als im umliegenden Grünland. Auch der größere und viel seltenere Wanderfalke hat in den letzten Jahrzehnten – viel später als der Turmfalke – den Sprung in die Stadt geschafft und Hochhäuser und Kirchtürme als alternative Brutplätze zu hohen Felswänden entdeckt. Zumindest dort, wo Nisthilfen die Nutzung der sonst leider meist verschlossenen Gebäude erlauben. Da Straßentauben einen großen Teil der Nahrung solch urban lebender Wanderfalken darstellen, sind diese Jäger in Kirchen willkommene Untermieter. —

01

02

Turmfalken haben von den Küsten bis ins Hochgebirge fast alle Lebensräume erobert. Auch die Nähe zum Menschen scheuen sie nicht.

Große Parkanlagen wie der Schlosspark von Schönbrunn sind dank des alten Baumbestandes ergiebige Beobachtungsgebiete.

BEOBACHTUNGSTIPP: IN DER STADT

Wer in der Stadt lebt, muss nicht auf spannende Vogelsichtungen verzichten. Gerade weil sich Tiere im urbanen Raum an die Präsenz des Menschen gewöhnen, lassen sie sich hier oft besser beobachten als in naturnäheren Lebensräumen. Besonders ergiebig sind Parks mit altem Baumbestand und Gewässern, auch wenn es nur ein kleiner Stadtteich ist. An großen Flussläufen oder Seen ist jedoch eine größere Vielfalt zu erwarten. Auch große, historische Gebäude stellen einen Sonderlebensraum dar, der nicht unterschätzt werden darf. Hoch oben auf der Kathedrale genießt vielleicht ein Wanderfalke die Aussicht, im Frühling drehen manchmal Felsenschwalben ein paar Runden um den Kirchturm und im Winter könnte sogar ein Mauerläufer die Fassade als Felsersatz akzeptieren.

An manchen Wiener Stadtgewässern leben besonders zutrauliche Graureiher.

UNERREICHTER FLUGKÜNSTLER – DER MAUERSEGLER

IM PORTRÄT

Ein Leben im Flug: Mauersegler jagen nicht nur fliegende Beute, sie trinken und schlafen sogar in der Luft.

Die schrillen Rufe des Mauerseglers sind untrennbar mit dem Ambiente europäischer Städte verbunden. Wenn die dichten Trupps im Hochsommer besonders laut und auffällig durch Gassen und über Plätze fliegen, ist es für die Könige des Stadthimmels bald an der Zeit, ihren kurzen Aufenthalt in Europa zu beenden und wieder nach Süden aufzubrechen. Dann beginnt für die Jungvögel der längste Nonstop-Flug im Vogelreich.

Der Körperbau des Mauerseglers ist wie der kaum eines anderen Vogels an ein Leben im Flug angepasst. Die langen, schmalen und sanft gebogenen Flügel haben die ideale Form für eine energiesparende Flugweise, der Körper ist stromlinienförmig. Die Füße sind stark verkürzt, da sie kaum einmal zum Einsatz kommen. Sie sind auf die vier nach vorne gerichteten Zehen mit scharfen Krallen reduziert, mit denen sich die Segler über den Boden ihrer Nistnische schleppen. Bei Temperaturen jenseits der 30 °C werden sie während des Fliegens nicht wie sonst im Bauchgefieder versteckt, sondern zur Thermoregulation vom Körper abgespreizt. Der Schnabel des Mauerseglers ist wie ein breiter Kescher, mit dem im Flug Insekten (in der Regel bis 12 Millimeter Länge) eingesammelt werden.

Bis auf die Brutzeit, die eine Landung am Nestplatz erfordert, verbringen Mauersegler ihr ganzes Leben in der Luft. Fressen, Trinken, Schlafen, Körperhygiene und sogar das Sammeln von Nistmaterial – alles funktioniert im Flug. Sie pendeln zwischen den Brutgebieten in Europa und den Winterquartieren in Afrika hin und her. Mauersegler kommen erst spät, Anfang Mai, bei uns an und verschwinden größtenteils bereits im Lauf des Julis wieder. Die Jungen verbringen, je nach Versorgungslage durch die Eltern, rund 40 bis 50 Tage im Nest. Da während Schlechtwetterphasen zu wenige fliegende Insekten zu finden sind, weichen die Altvögel dann Hunderte Kilometer aus, um in Gegenden mit schönem Wetter nach Nahrung zu suchen. Sie scheinen herannahende Schlechtwetterfronten bereits Hunderte Kilometer vor dem Eintreffen zu registrieren, da sie zu einem so frühen Zeitpunkt abziehen. Währenddessen bleiben die Jungen für Tage, manchmal Wochen unbewacht und verfallen in eine Hungerstarre, um möglichst wenig Energie zu verbrauchen. Die Jungvögel brüten selbst erst im dritten Lebensjahr. Die ersten beiden Jahre verbringen viele von ihnen (manche besetzen zu Übungszwecken bereits einen Nistplatz) ausschließlich in der Luft, ohne auch nur ein Mal zu landen. Dasselbe gilt für Altvögel: Nachdem die Brut abgeschlossen ist, fliegen sie 99 Prozent der Zeit und manche von ihnen landen nicht ein einziges Mal. Bis sie nach zehn Monaten im nächsten Frühling wieder punktgenau zu ihrer Nistnische – das kann ein Hohlraum in einem Dachboden, manchmal auch eine Baumhöhle, eine Felsnische oder ein Nistkasten sein – zurückkehren. —

»Auffallend bei den Seglern war mir, dass bei Regenwetter während mehrerer Tage keiner dieser Vogel in der Luft je zu erblicken war.«

H. von Salis über die Mauersegler von Chur im *Ornithologischen Centralblatt*, 1881

VOM MENSCHEN EINGEFÜHRT

Einige sehr bekannte und weit verbreitete Vogelarten haben sich nicht selbstständig in unserem Umfeld angesiedelt. Aus wirtschaftlichen, ästhetischen oder jagdlichen Motiven wurden unter anderem Straßentaube, Höckerschwan und Jagdfasan vom Menschen eingeführt.

Eine Sonderstellung nimmt die Straßentaube (auch Stadttaube) ein. Sie ist wohl eine domestizierte und wieder verwilderte Form der Felsentaube, einer Vogelart, zu deren Besiedlung Mitteleuropas es weiterhin offene Fragen gibt. Verbreitet ist die Meinung, dass wilde Felsentauben bei uns nie, sehr wohl aber zum Beispiel in West- und Südeuropa heimisch waren. Als Brieftaube und als Nahrungsmittel wurde sie demnach schon vor vielen Jahrhunderten bei uns eingeführt und hat so, als Nutztier, alle vom Menschen besiedelten Gegenden des Planeten erreicht. Wenn diese Vermutung stimmt, ist sie in Mitteleuropa also keine heimische, sondern eine vom Menschen (wenn auch nicht von sehr weit her) eingebrachte Art. Das Gleiche gilt für den aus dem östlichsten Europa und aus Asien stammenden Fasan. Zuchtformen aus verschiedenen Teilen seines eigentlichen Verbreitungsgebietes werden in manchen Jagdrevieren immer noch ausgesetzt, nur um sie kurz darauf wieder abzuschießen. Und auch der Höckerschwan, der in den vergangenen Jahrhunderten ein beliebter Ziervogel war, wurde vom Menschen schon ab dem 16. Jahrhundert aus seinen Brutgebieten im nordöstlichen Mitteleuropa auf hiesige Schloss- und Parkteiche gebracht oder an großen Gewässern ausgesetzt. Auf den Seen des Salzkammergutes kannte man »halbzahme« und dort brütende Schwäne schon in den 1850er-Jahren. Fest als Brutvogel etabliert hat sich der riesige Wasservogel erst später. Das alles liegt so weit zurück, dass wir diese Vogelarten schon als hier ansässig betrachten und sie wurden ja tatsächlich erfolgreich und langfristig vom Menschen hier angesiedelt. Über aktuellere Fälle solcher »Einschleppungen« lesen Sie auf den nächsten Seiten. —

01 »Jagdfasane« sind meist eine künstliche Mischung verschiedener Unterarten der wilden Stammform und zeigen unterschiedliche Merkmale. Zur Paarungszeit (rechts) schwellen die roten Gesichtslappen der Männchen stark an.

—

02 Die Straßentaube kommt in unterschiedlichsten Farbvarianten in Städten weltweit vor.

—

03 Die Kanadagans stammt aus Nordamerika und wurde in Nord- und Westeuropa durch Aussetzungen etabliert. In Deutschland ist sie weit verbreitet, in Österreich und der Schweiz sind Bruten die Ausnahme.

—

04 Höckerschwäne überwintern an manchen Gewässern in großer Zahl. Dort können Vögel aus dem ursprünglichen Verbreitungsgebiet im nördlichen Mitteleuropa auf die verwilderten Nachkommen ausgesetzter Parkvögel treffen.

01

02

03

04

EXOTEN IN MITTELEUROPA

Die nördlichsten Brutvorkommen wilder Rosaflamingos liegen derzeit in der Nordadria. In Mitteleuropa treten sie als seltene Durchzügler auf. Zudem werden Flamingos aber vielerorts von Vogelhaltern und Zoos im Freiflug gehalten, weswegen regelmäßig auch ausgekommene Flamingos an großen Gewässern auftauchen. In Nordrhein-Westfalen existiert eine Flamingokolonie aus solchen entflogenen Vögeln, in der vor allem Chileflamingos sowie Rosa- und Kubaflamingos brüten.

Nilgänse wurden auf vielen Parkgewässern, v.a. in Westeuropa eingeführt. Ihr steigender Bestand wird als problematisch erachtet, da sich Nilgänse am Brutplatz aggressiv gegenüber anderen Wasservögeln verhalten und diese eventuell verdrängen könnten. Seit 2017 führt die EU die Nilgans daher als invasive Art, deren Ausbreitung von den Mitgliedsstaaten zu unterbinden ist. Abgebildet sind Jungvögel.

Als Ziervogel wurde die Mandarinente aus Ostasien nach Europa gebracht, wo sie sich im Lauf des 20. Jahrhunderts erfolgreich etablierte.

Neben Truthühnern, die von Nutztierhaltern im Freilauf gehalten werden, wurden mancherorts in Deutschland und Österreich auch Wildtruthühner aus Nordamerika als Jagdwild ausgesetzt. Die kleinen Bestände sind aber von regelmäßigen Freilassungen abhängig und verschwinden in der Regel bald, wenn Bestandsstützungen durch den Menschen eingestellt werden.

IN UND ZWISCHEN WEINGÄRTEN

Weinberge sind in ihrer Gänze vom Menschen geprägte Lebensräume. Ihre Lage in warmen, sonnigen Regionen gepaart mit der besonderen Form der Landnutzung macht sie zu außergewöhnlichen Standorten für eine reichhaltige Natur. Vorausgesetzt, sie werden behutsam bewirtschaftet.

Vielfältige Weinbaugebiete weisen eine Vielzahl von Biotopen auf: Neben den Reben existieren in traditionsreichen Weinbergen auch noch Weiden, Hecken und Streuobstwiesen. Für die besondere Vogelwelt dieser Kulturlandschaft sind selten gewordene Strukturen besonders wichtig. Sandige Bodenstellen und die Ränder unasphaltierter Feldwege werden vom Wiedehopf genutzt, der hier nach Maulwurfsgrillen und anderen großen Insekten stochern kann. Lockere Steinmauern mit vielen Nischen, die historische Querterrassen stützen, werden als geschützte Brutplätze genutzt und bieten Verstecke für Insekten und Reptilien, von denen sich Vögel ernähren. Steile Abbruchkanten im Gelände oder die Wände alter Hohlwege sind Brutplätze für den Bienenfresser, der in vielen Bereichen Mitteleuropas wieder häufiger geworden ist. Gebüsche und Baumzeilen werden von Zaunammer und Wendehals besiedelt. Und sogar leer stehende Winzerhütten gehören zum wertvollen Inventar, das von seltenen Vogelarten als Brut und Rückzugsort genutzt wird. Wo diese Strukturen aber entfernt wurden, um die Bewirtschaftung zu erleichtern und natürlich wo Spritzmittel zum Einsatz kommen, verarmt die Artenvielfalt merkbar. Zwischen den Reben selbst kommt es auf die Begrünung und Bearbeitung des Bodens an. Wo eine bunte Artenmischung wächst, finden Finkenvögel wie Girlitz, Bluthänfling oder Stieglitz, sowie Insekten und damit auch insektenfressende Vögel Nahrung. —

Nur vielfältige Weinbaulandschaften weisen eine interessante Vogelwelt auf. Hier bei Dürnstein, Niederösterreich.

Schwarzkehlchen ♂

01

02

01 Der Bluthänfling ist vielleicht die einzige Vogelart, die ihr Nest direkt im Laub der Weinstöcke anlegt.

—

02 Turmfalken fühlen sich auch in Weinbergen wohl.

—

03 Nur wenn auch ausreichend große Hohlräume zur Brut und Großinsekten als Nahrung vorhanden sind, kann der Wiedehopf in Weinbaugebieten brüten.

—

04 Ein Singvogel mit Hakenschnabel: Der Neuntöter erbeutet zum Beispiel Käfer oder Heuschrecken und spießt sie zum späteren Verzehr auf Dornen.

—

05 Die Dorngrasmücke gehört zu den vielen »kleinen, braunen Vögeln«, deren Bestimmung nicht immer leicht ist. Die Stimme hilft!

03

04

05

Der Bienenfresser benötigt geeignete Brutplätze – idealerweise steile, sandige Wände – die es oft auch in alten Weinbaulandschaften gibt. Dieser prächtige Langstreckenzieher zeigt einen positiven Bestandstrend. Er scheint von der Klimaerwärmung zu profitieren.

Nach der Lese wird es ruhig in den Weingärten – auch aus ornithologischer Sicht. Gols, Burgenland.

Kapitel fünf

Im Konflikt mit dem Menschen

KORMORAN

—

Phalacrocorax carbo

GUTE UND BÖSE VÖGEL

Unendlich viele Berührungspunkte verknüpfen uns seit jeher mit der Vogelwelt. Während wir niedlichen Arten wie Kohlmeise, Rotkehlchen und Eisvogel viel Liebe und Wertschätzung entgegenbringen, genießen unter anderem Rabenvögel, fischfressende Arten und Greifvögel bei manchen Menschen leider nur geringes Ansehen.

Als Nahrungsmittel, Federlieferant oder kulturelle Inspiration nutzen und achten wir Vögel wohl seit Anbeginn unserer Zeit. Sie aus Neugier oder einfach zur Freude zu beobachten, wurde in jüngerer Zeit besonders populär. Solange wir in ihnen keine Konkurrenten sehen, haben Menschen für Tiere im Allgemeinen und Vögel im Speziellen viel übrig. Wir füttern sie, bauen ihnen Nistplätze und stellen Millionen für ihren Schutz oder sogar die Wiederansiedlung bereit, nachdem wir sie ausgerottet haben. Treten sie aber mit uns in Konflikt, weil sie auch Ressourcen nutzen, die wir für uns (alleine) beanspruchen, kennen wir leider allzu oft kein Erbarmen.

Es ist natürlich nachvollziehbar, dass zur Produktion angelegte Acker- und Obstkulturen sowie Nutztiere vor Schäden geschützt werden sollen. Es geht aber zu weit, wenn einzelne Interessengruppen die Zusammensetzung der frei lebenden Tierwelt so weit gestalten wollen, dass bestimmte Arten als Teil unserer Natur geduldet werden und andere nicht. Darüber hinaus sind als »Übeltäter« gebrandmarkte Arten nicht immer in dem Ausmaß an Schäden Schuld, dessen sie verdächtigt werden. Und manchmal sitzen wir, auf der Suche nach Sündenböcken, überhaupt blanken Irrtümern auf. Der völlig fälschlich als Vieh-, Wild- und Kinderdieb verschriene Bartgeier wurde in den Alpen ausgerottet und wird jetzt mit großem, schon Jahrzehnte andauerndem Aufwand wieder heimisch gemacht. Als Spatzen noch wirklich häufig waren, wurden sie – bis vor einigen Jahrzehnten auch in Europa – systematisch verfolgt und getötet, um Fraßschäden auf den Feldern zu vermeiden. Ihre für die Landwirtschaft positive Eigenschaft als Vertilger von Insekten (mit denen sie z. B. ihre Jungen füttern) wurde dabei weitgehend ignoriert. Die in Maos Plan zum »großen Sprung nach vorn« vorgesehene Ausrottung von Sperlingen in China löste eine Kettenreaktion aus. Auf die Massentötungen der Sperlinge folgte ein Aufblühen der Insek-

Weil sie sich über die reifen Trauben hermachen, werden diese Stare gerade aus einem Weingarten vertrieben. Den Proviant für den Flug lassen sie sich aber nicht mehr nehmen.

tenbestände, deren großer Hunger auf den Feldern für die folgende Hungersnot bei den Menschen mitverantwortlich gewesen sein dürfte. Zum Glück sind wir manchmal in der Lage, unsere Meinung zu ändern und aus Fehlern zu lernen: Sowohl Sperlingen als auch dem Bartgeier werden heute Schutzmaßnahmen zuteil, als Feinde werden sie nicht mehr gesehen.

Von purer Emotion gesteuert wird die blinde Abneigung auf bestimmte Vogelgruppen im Fall der Rabenvögel: Niemand hält eine Brandrede für die Zauneidechse, wenn sie bei lebendigem Leib vom Weißstorch verschluckt wird oder sorgt sich angesichts einer solchen Szene um ihren Fortbestand. Die schrecklich anthropozentrische Floskel, dass eine Tierart »überhandnimmt«, wird auch nicht gegen die Spechte verwendet, die Bockkäfer-Larven brutal aus dem Totholz ziehen und verzehren. Aber dass ein Amseljunges im Magen einer Elster landet, kann uns so wütend machen, dass wir ihnen kurzerhand und entgegen einschlägiger Forschung gleich den Rückgang ganzer Singvogelpopulationen in die Schuhe schieben. Das freie Herumlaufen von in Feld, Flur und Garten wildernden Hauskatzen, die eben nicht Teil unserer gewachsenen Natur sind und enormen Schaden an der Tierwelt anrichten, wird hingegen weiterhin geduldet. Anders als natürliche Fressfeinde reagiert die Population der Stuben(!)tiger nicht auf Schwankungen in der Nahrungsverfügbarkeit. Während Greifvögel in nahrungsarmen Jahren weniger Nachwuchs produzieren und sich dadurch ihre Anzahl in Abhängigkeit von der vorhandenen Beute reduziert, bleiben Hauskatzen von diesem Parameter unberührt. Ihre Futterschüssel füllt sich verlässlich und sie werden nicht weniger – egal ob es hinter dem Haus mehr oder weniger Singvögel, Eidechsen und Kleinsäuger zu erbeuten gibt. Das Verhältnis von jagenden Hauskatzen zu gejagten Wildtieren ist nie ausgeglichen, geschweige denn natürlich.

Die Einteilung in »gute« und »böse« Tiere entstammt einer längst vergangenen Zeit. Triebfedern dieser Gewichtung sind auch heute noch die Jagd und mangelndes ökologisches Verständnis. Arten, die erlegt werden dürfen, werden als gut, schützens- und fördernswert erachtet. Können im Herbst mehr Hasen geschossen werden, freut das die Jagdpächter, die für die Möglichkeit, auf die Jagd zu gehen, teures Geld bezahlen. Kommen viele Feldhasen in einem Revier vor, wird das als Zeichen einer funktionierenden Natur ausgelegt und verbreitet. Nimmt ihre Zahl ab, wird die Bekämpfung von Füchsen, Mardern, Greifvögeln und Krähen gefordert, obwohl wir wissen, dass unsere zu intensive Landnutzung der Hauptgrund für ihr Verschwinden ist. Die Frage, wie viele Feldhasen für einen gesunden Bestand nötig sind, wird außerdem nicht gestellt. Auch in Gebieten, in denen sich 20 Hasen zugleich auf einem Acker tummeln, werden Greifvögel vergiftet, Rabenvögel und Marder gefangen. Je mehr, desto besser gilt für den Hasen, nicht aber für Arten, die sich von ihm ernähren. Dass dort, wo besonders viele Beutetiere leben, in der Regel auch die meisten ihrer Fressfeinde vorkommen, wird als Zusammenhang ignoriert. Sogar der zu Jagdzwecken aus Asien bei uns eingeführte Fasan, der in manchen Regionen auch heute noch in großer Zahl freigelassen wird, muss absurderweise in diese Rolle schlüpfen. Die künstliche Aufrechterhaltung des Bestandes eines nicht-heimischen Vogels, der allein zum Zweck der Jagd in Mitteleuropa vorkommt, wird als Argument für die Verfolgung von hier seit jeher natürlich vorkommenden Tierarten missbraucht.

Für einfach erscheinende Lösungen sind wir empfänglich. Und so liegt uns der Griff zu Gewehr, Falle oder Gift näher, als die tatsächlichen, häufig menschengemachten und vielleicht schwieriger zu entschärfenden Ursachen für das Erstarken oder Verschwinden einzelner Arten zu erkennen. Wir sind in den vergangenen Jahrhunderten bestimmt weitergekommen. Die Abwägung möglicher ökologischer Folgen, die aus der Bekämpfung einzelner Arten resultieren, und die gleichartige Achtung aller Lebewesen sind aber weiterhin nicht unsere Stärke. Zu verlockend ist die Möglichkeit, sie als Sündenböcke für unsere eigene Agenda zu missbrauchen. Wohl auch, weil sie sich nicht gegen falsche Anschuldigungen und Vorurteile wehren können. —

Elstern wird nicht nur angedichtet, dass sie im Angesicht glänzender Objekte kleptomanische Züge zeigen. Mehrere Studien haben sich dem verbreiteten Vorurteil gewidmet, Elstern und Krähen wären schuld an schwindenden Singvogelpopulationen. Für deren Rückgang im urbanen Raum ist allerdings der Mangel an Nahrung und Nistplätzen verantwortlich. Rabenvögel verursachen keine wesentlichen Bestandsrückgänge bei Singvögeln.

Die Straßentaube unserer Städte ist die domestizierte Form der Felsentaube und kommt in verschiedensten Farbvarianten vor. Manche, wie diese, sehen aber noch genauso aus wie ihre wilden Ahnen. Einst als Fleischquelle und Übermittlerin von Nachrichten geschätzt, werden Straßentauben wegen der Schmutzbelastung an Gebäuden heute eher gefürchtet.

Die milchige Nickhaut (unten) schützt die Augen des Graureihers vor Verletzungen. Dieses »dritte Augenlid« kommt zum Einsatz, wenn der Kopf nahe an Objekte geführt wird, die in die Augen geraten könnten. Graureiher sind besonders in Fischzuchten nicht gerne gesehen. Neben Fischen frisst der größte heimische Reiher viele andere Kleintiere, vor allem im Winter auch Säugetiere, die er auf Wiesen und Feldern erbeutet.

Kormorane werden gerne für ausgedünnte Fischbestände in heimischen Flüssen verantwortlich gemacht. In der hitzigen Diskussion um ihre Auswirkungen wird gelegentlich mit der Unwahrheit Stimmung gemacht, Kormorane seien in Mitteleuropa gar nicht heimisch. In der Tat wurde die stets ansässige Art in vielen Regionen aber vom Menschen ausgerottet und kehrte wiederholt zurück. Die Brutkolonie in aufgelassenen Hochspannungsmasten existiert bei Burgas, Bulgarien.

Der Gänsesäger ist erst kürzer als »Problemvogel« am Radar seiner Gegner als Graureiher und Kormoran. Dabei gilt der schöne, Fisch fressende Entenvogel sogar als Indikator für naturnahe Flussläufe. In Österreich, der Schweiz und in Teilen Süddeutschlands hat der Gänsesäger sein Brutareal in den letzten Jahrzehnten ausgeweitet und gerät dadurch verstärkt ins Visier.

EIN GETRIEBENER: DER STAR

IM PORTRÄT

Der Star polarisiert. In weiten Teilen Europas sind seine Brutbestände rückläufig, ernährt er sich doch überwiegend von Insekten, die deutlich seltener geworden sind. In Nordamerika wird er als eingeschleppte Art vehement bekämpft, weil er Schäden in der Landwirtschaft verursacht und mit den dort heimischen Vögeln um Nisthöhlen konkurriert.

Im Jahr 2018 wurde der Star in Deutschland und Österreich zum »Vogel des Jahres« ernannt. Der breiten Bevölkerung wurden dadurch seine sinkenden Bestandszahlen und sein Schutzbedarf nähergebracht. Das entrüstete Weinbau-Vertreter im Burgenland so sehr, dass sie in den Medien gegen die Ernennung des »Schädlings« wetterten. Der Star ist nämlich nicht nur ein außerordentliches Gesangstalent und besticht mit seinem schillernden Gefieder. Im Lauf des Sommers nehmen reife Früchte (vor allem Kirschen und Weintrauben) eine größere Rolle in seiner Ernährung ein. Durch Zuzug, zum Beispiel nordöstlicher Populationen, kann es vor allem in Regionen mit großflächigen Wein-Monokulturen zu riesigen Ansammlungen mit entsprechendem Schadpotenzial kommen. Berechnungen möglicher Schäden scheinen schwierig, unterscheiden sich doch verschiedene Sorten in Größe und Energiegehalt, und auch der Bedarf der Vögel variiert je nach Lufttemperatur und Aktivität. 10 000 Stare sollen an einem Tag etwa 900 Kilogramm Kirschen zu fressen vermögen. So immanent und jedes Jahr wiederkehrend das Problem in manchen Weinanbaugebieten ist, umso mehr überrascht die dünne Datenlage zu diesem Problem. Wie groß die Schäden und wie effektiv die einzelnen Maßnahmen im Arsenal der Vertreibungsmethoden sind, scheint bisher kaum untersucht worden zu sein. Behörden, die Beschallungsmaßnahmen erlauben, müssten eigentlich eine Faktengrundlage zu deren Nützlichkeit einfordern. Bewährt haben sich Obstnetze, die den Vögeln den Zugang zur Traube verwehren. Bei unsachgemäßer Anbringung bergen sie jedoch eine tödliche Gefahr (siehe S. 215), nicht nur für Stare, sondern unter anderem auch für Greifvögel, Igel oder Rehe. An die Wirkung des im südsteirischen Weinland als Wahrzeichen und Tourismusattraktion verehrten Klapotetz (ein klapperndes Windrad aus Holz) scheint kaum jemand zu glauben. Ähnlich steht es um die automatischen, gasbetriebenen Schreckschussanlagen, die in burgenländischen Weingärten stehen. Sie sind gut in der Lage, neu angekommene Zugvögel im Seewinkel und nichts ahnende Ausflügler auf dem Fahrrad zu erschrecken. Dass sich aber die Stare auf Dauer von diesen und anderen automatisierten Klanginstallationen beeindrucken lassen, von denen keine echte Gefahr ausgeht, darf man sich (wie im Fall des Klapotetz) nicht erwarten. Umso erstaunlicher ist es, dass diese Form der »Abwehr« angesichts der nervtötenden Nebeneffekte, unter denen Anwohner und Tourismus leiden müssen, immer noch erlaubt ist. Wirkungsvoller sind die menschlichen Weingartenhüter, die auch heute noch, manchmal auf gestapelten Heuballen thronend, mit Gewehr oder Schreckschussapparat den einfliegenden Starenschwärmen entgegenfeuern. Es bleibt abzuwarten, ob sich die friedliche Methode der Schutznetze eines Tages durchsetzen wird. —

Stare sind faszinierende Singvögel mit Freunden und Feinden. Für ihr musikalisches Talent wurden sie sogar von Wolfgang Amadeus Mozart geschätzt. Der große Komponist hielt sich einen Star, der ein Thema aus dem Klavierkonzert Nr. 17 in G-Dur nachzupfeifen vermochte.

Zu den imposantesten, ornithologischen Schauspielen der Erde zählen die Schlafplatzflüge eines der unbeliebtesten Vögel. Die wabernden Verformungen dieser Schwärme werden oft von attackierenden Greifvögeln und Falken (links unten im Bild ein Wanderfalke) verursacht.

BEOBACHTUNGSTIPP: AM STARENSCHLAFPLATZ

Große Ansammlungen von Staren gehören zu den eindrucksvollsten Schauspielen, die uns Vögel bieten. Die synchronisierten Flugbewegungen von Abertausenden Individuen vor einem bunten Himmel an einem Septemberabend sind ein Genuss für das Auge, der an Ästhetik schwer zu überbieten ist. In den Winterquartieren in Südeuropa, zum Beispiel in Rom, umfassen die Schlafplätze manchmal mehr als eine Million Vögel. Bevor sie sich an ihren Nachtplätzen im Schilf oder in Bäumen in Wassernähe niederlassen, drehen sie unermüdlich Runden in der Dämmerung. Oft werden sie dabei von Greifvögeln verfolgt, die vom konzentrierten Nahrungsangebot Gebrauch machen wollen. Die Attacken von Wanderfalken oder Sperbern verursachen die plötzlichen Richtungs- und Formveränderungen der schwarzen Starenmasse, die an eine Lavalampe erinnern. Der sich aufdrängenden Frage, wie es die Vögel schaffen, in dieser chaotisch anmutenden, aber gleichzeitig unglaublich koordinierten Menge nicht zusammenzustoßen, haben sich Forscher gewidmet. Das Ergebnis: Bis zu sieben andere Individuen kann jeder Star gleichzeitig im Auge behalten und seine eigenen Bewegungen an die seiner Nachbarn anpassen. Ende Mai, wenn die Gruppen an den Schlafplätzen noch kleiner sind, lohnt sich die Suche nach dem hübschen Rosenstar, der jedes Jahr um diese Zeit in kleiner Zahl Mitteleuropa erreicht und dank seines rosa-schwarzen Gefieders aus den dunklen Starenschwärmen heraussticht.

Weinreben werden vor hungrigen Staren am besten mit Netzen geschützt. Werden die Netzbahnen nicht geschlossen, bis zum Boden verspannt oder wird eine zu große Maschenweite gewählt, stellen sie aber eine Gefahr für die hungrigen Vögel und viele andere Tiere dar. Finden die Stare einen Weg hinein, verfangen sie sich oft beim Versuch, wieder hinauszukommen und verenden qualvoll.

Verlässliche Zahlen zu Größe und Auftreten durchziehender Starenschwärme liegen aus den Weinbaugebieten meistens nicht vor. Im burgenländischen Seewinkel dürften besonders große Schwärme in manchen Jahren aber durchaus mehrere 100 000 Tiere umfassen.

RABEN-SCHWARZ

Wenn ein großer schwarzer Vogel landläufig als »Rabe« bezeichnet wird, ist tatsächlich meistens eine Krähe gemeint. Die Familie der Rabenvögel umfasst in Mitteleuropa zehn verschiedene Arten, aber nur eine trägt den Namen Rabe. Und die meisten von ihnen sind gar nicht schwer zu unterscheiden.

Der Kolkrabe ist der größte Vertreter der Rabenvögel. Er besiedelt vor allem (aber nicht nur) große Waldgebiete. In den Bergregionen ist er in der Regel der häufigste Rabenvogel. Anders als Krähen, Dohlen und Elstern meiden Raben die Nähe zum Menschen weitestgehend. In Parks oder Gärten trifft man sie nicht. Ein Grund für die ständige Verwirrung ist bestimmt die unglückliche Namensgebung. Die kleinere, wesentlich häufigere Rabenkrähe sieht dem Kolkraben wirklich zum Verwechseln ähnlich. So gesehen ist ihr Name gut, im Hinblick auf die klare Zuordnung hingegen unglücklich gewählt. Die Rabenkrähe bildet ein Artenpaar mit der Nebelkrähe. Häufig werden die beiden als zwei Unterarten ein- und derselben Art betrachtet und dann gemeinsam als »Aaskrähe« bezeichnet. Während Rabenkrähen vor allem im Westen Europas vorkommen, ersetzt sie die Nebelkrähe im Norden, Süden und Osten. Wo die beiden Formen aufeinandertreffen, kreuzen sie sich aber intensiv und bringen Hybride mit gemischten Merkmalen hervor.

Die Saatkrähe hat ihren Verbreitungsschwerpunkt in Nord- und Osteuropa, kommt aber auch in Österreich, der Schweiz und Süddeutschland als Brutvogel in kleinerer Zahl vor. Anders als Rabenkrähe, Nebelkrähe und Kolkrabe brütet sie in Kolonien. Viele Paare legen ihre Nester also in wenigen, zusammenstehenden Bäumen an. Das ganzjährige Auftreten in Schwärmen ist typisch für die Saatkrähe, aber kein ganz verlässliches Merkmal. Vor allem im Winterhalbjahr sind auch die beiden anderen Krähenarten (nicht brütende Krähen auch zur Brutzeit) in Gruppen zu beobachten und treten mitunter in gemischten Trupps mit Saatkrähen auf. In solchen Ansammlungen sind oft auch die kleineren Dohlen zu finden, die noch dazu durch ihren charakteristischen Ruf (»kja!«) auffallen. Ihr Nest legen diese kleinen Rabenvögel in Mauernischen, Baumhöhlen oder Schornsteinen an. Die gelbschnäbeligen Alpendohlen werden im Sprachgebrauch gerne mit den Dohlen verwechselt. Sie und die selteneren Alpenkrähen kommen nur im Gebirge vor (siehe S. 91), suchen bei Schneefall aber manchmal die Tallagen auf. Eichelhäher, Tannenhäher und Elster gehören ebenso zu den Rabenvögeln, sind aber kaum zu verwechseln.

Viele Verhaltensweisen von Rabenvögeln werden vom Menschen als problematisch betrachtet. Sie sind mancherorts der Landwirtschaft als »Ackerschädlinge« ein Dorn im Auge und Gartenbesitzer haben Schwierigkeiten zu akzeptieren, dass sich Krähen als vielseitige

Ein Dohlen-Clan im Zwist.

Allesfresser gelegentlich auch (vor allem aber stets am Tag und deshalb für uns sichtbar) von Jungtieren wie den Küken der geliebten Gartenvögel ernähren. Dass sie aber für das Verschwinden vieler Singvögel (zu denen übrigens auch alle Rabenvögel selbst zählen) verantwortlich wären, wie Laien gerne behaupten, stimmt nicht. Krähen und Elstern sind hervorragend darin, leicht verfügbare Nahrungsquellen zu nutzen. Im Sommerhalbjahr gehören dazu die zahlreich vorhandenen Jungvögel, die auch von Katzen, Mardern, Eichhörnchen, Spechten, Greifvögeln und vielen anderen gefressen werden. Die Verluste gleichen kleine Vogelarten mit einer höheren Fortpflanzungsrate aus: So brüten viele Singvögel mehrmals im Jahr (nicht so die Krähen) und haben sehr viele Junge. Für schwindende Singvogelpopulationen sind zum Beispiel Nahrungsmangel und in Wohngebieten der Verlust von Brutplätzen verantwortlich. —

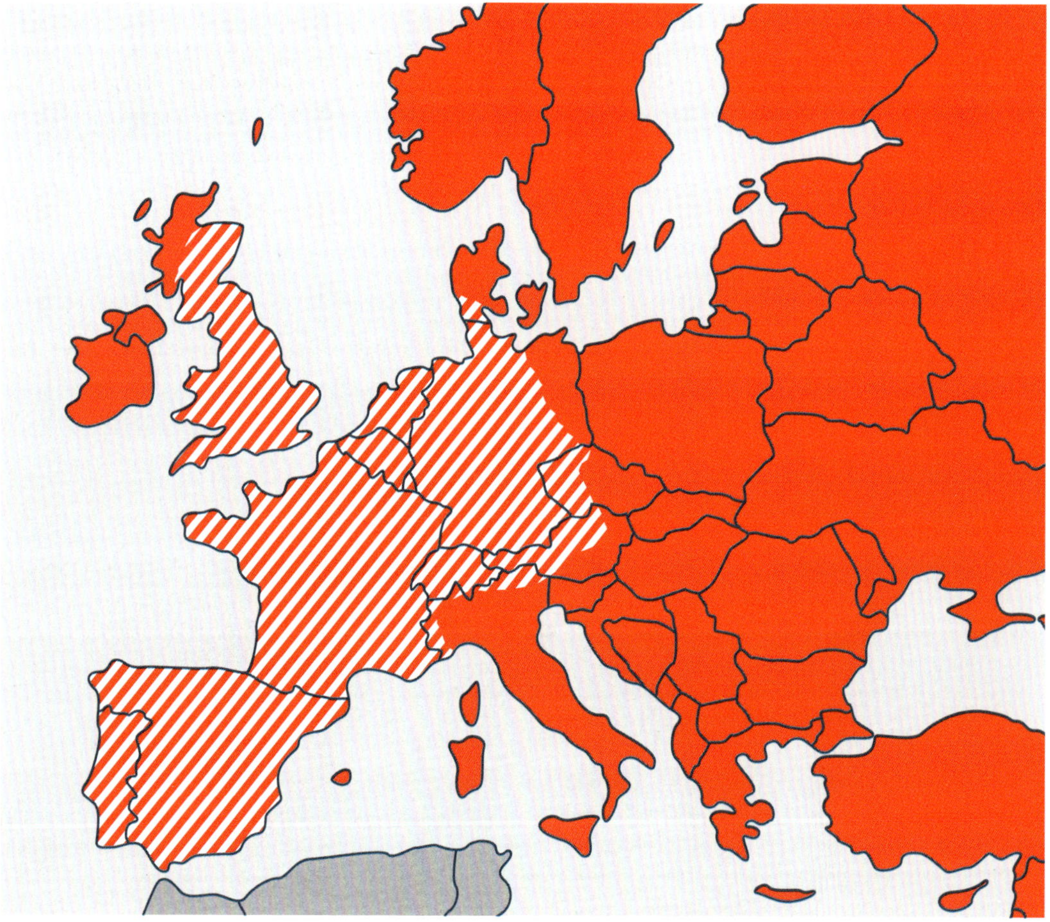

Verbreitung von Rabenkrähe (gestrichelte Fläche) und Nebelkrähe (rote Fläche) in Europa. Die Verteilung wird auf den Effekt der letzten Eiszeit zurückgeführt, als Vergletscherung verschiedene Populationen trennte, die sich in der Isolation unterschiedlich entwickelten. Nach dem Abschmelzen der Gletscher trafen die nun unterschiedlich aussehenden Populationen wieder aufeinander und mischen sich seither in den Kontaktzonen.

Rabenkrähen sind ganz schwarz, Nebelkrähen grau-schwarz gefärbt.

Hybride der beiden Formen können sehr unterschiedlich aussehen. Der linke Vogel ähnelt stärker einer Rabenkrähe, der rechte einer Nebelkrähe.

Saatkrähen brüten verstreut auch in Mitteleuropa. Größere Schwärme wandern als Wintergäste aus dem Hauptverbreitungsgebiet in Nordosteuropa und Russland in unsere Breiten ein.

Dohlen sind kleiner als Krähen, haben einen kurzen Schnabel, ein helles Auge und einen grauen Nacken. Sie sind nicht mit der Alpendohle zu verwechseln, die im Hochgebirge brütet und einen gelben Schnabel zeigt (siehe S. 79).

Kolkraben sind die größten Rabenvögel. Auf den ersten Blick sehen sie aus wie Rabenkrähen, haben aber einen längeren und höheren Schnabel, der bis über die Hälfte und oft struppig befiedert ist. Auch ihre sanft rollenden Rufe sind typisch für diese Art.

Der Eichelhäher wird als Rabenvogel gerne in Sippenhaft genommen. Als Verbreiter von Eicheln nimmt er eine wichtige ökologische Rolle ein. Er vergräbt sie, findet aber nicht alle wieder und pflanzt so jedes Jahr unzählige Bäume in unseren Wäldern. Für die Ausnahmegenehmigungen zum Abschuss sind rechtlich »erhebliche Schäden« notwendig, die der Eichelhäher kaum verursacht. Im Bild zu sehen ist die Freilassung eines zu Forschungszwecken markierten Vogels.

Eulen und Falken nutzen häufig ungenutzte Nester von Rabenvögeln zur Brut, weil sie selbst keine Nester bauen. Hier brütet eine Waldohreule im alten Nest einer Elster, das am dachartigen Überbau erkennbar ist.

DAS COMEBACK DER GREIFVÖGEL

Der Gruppe der Greifvögel haftet etwas Edles und Wildes an, das ihr viele Freunde und Bewunderer beschert. Die Beobachtung eines imposanten Steinadlers, der ohne Flügelschlag einen Alpenkamm entlanggleitet, hinterlässt bleibende Eindrücke.

Gerade die Adler, Weihen, Milane, Bussarde und der Habicht wurden jedoch seit langer Zeit als »Konkurrenten«, zum Beispiel in der Niederwildjagd, und als Bedrohung unter manchen Tauben- und Hühnerhaltern gesehen. Die Verfolgung von Greifvögeln war dementsprechend lange Zeit legal und geradezu erwünscht. Bartgeier, Seeadler und Kaiseradler wurden in Österreich und in angrenzenden Ländern im Lauf des 19. und 20. Jahrhunderts ganz oder nahezu ausgerottet. Andere Arten, wie Steinadler und Rotmilan, wurden so stark dezimiert, dass jede Beobachtung noch vor Kurzem etwas Besonderes darstellte.

Zum Glück haben sich die Zeiten geändert: Abschuss, Fang und Vergiftung sind heute strengstens verboten und werden von der breiten Gesellschaft nicht mehr toleriert. Erstaunlicherweise hält sich in manchen Kreisen jedoch weiterhin die archaische Ansicht, jeder »Krummschnabel« müsse schnellstmöglich vom Himmel geholt werden. Gerade in letzter Zeit nehmen die Fälle illegaler Greifvogelverfolgung aber wieder zu. In mehr als 10 beziehungsweise bald 20 Jahren, in denen Kaiseradler von BirdLife und Seeadler vom WWF in Österreich mit Sendern ausgestattet wurden, fiel jeweils rund ein Drittel der Vögel menschlicher Verfolgung zum Opfer. Dass viele Greifvögel auch Tierkadaver fressen, ist eine wichtige ökologische Funktion – wird ihnen aber auch zum Verhängnis. Neben ganz gezielter Vergiftung sterben Adler, Milane und Bussarde als »Kollateralschäden« auch an illegalen, vergifteten Ködern, die gegen Füchse, Marder, Hunde oder Katzen ausgelegt wurden. Bleipartikel, die in angeschossenem und nicht gefundenem Jagdwild verbleiben, führen zu einer schleichenden Vergiftung, die häufig mit dem qualvollen Tod des Aasfressers endet. Mit dem angestrebten, EU-weiten Verbot von bleihaltiger Jagdmunition sollte dieses Problem bald der Vergangenheit angehören. Ein relativ neuer Konflikt sind Windkraftanlagen, die in manchen Regionen zur Gefahr für große Greifvögel werden.

Die positiven Veränderungen für viele Greifvögel überwiegen derzeit aber, und so befinden sich die meisten großen Greifvogelarten, auch dank intensiver Schutzbemühungen und rechtlicher Verbesserungen, im Aufwind. Schlecht steht es jedoch weiterhin um manche Arten, die weite Strecken ziehen: Schreiadler oder Wiesenweihe sind nicht nur von einem intakten Brutlebensraum abhängig. Sie können nur effektiv geschützt werden, wenn Bedrohungen auch auf ihren Wanderrouten ausgeschaltet werden –, was in Südeuropa und dem Nahen Osten zu einem Teil erst gelingen muss.

Der Rotmilan befindet sich in einer Ausbreitungsphase. Vor allem in der Schweiz hat der elegante Flieger einen beispiellosen Aufstieg hingelegt: Hier stieg der Bestand seit dem Jahr 2000 um 300 Prozent. Etwa die Hälfte aller Rotmilane der Welt lebt in Deutschland und bereits rund ein Zehntel in der Schweiz.

Der Turmfalke ist der mit großem Abstand häufigste Falke Europas. Sein Bestand ist durchwegs stabil bzw. steigend.

UND DIE FALKEN?

Ältere ornithologische Werke fassen die Falken stets mit den Greifvögeln oder *Habichtartigen* in einer Ordnung, den *Falconiformes* zusammen. Ab dem Jahr 2008 zerfiel diese traditionelle Einteilung, da genetische Studien zeigten, dass die Falken wesentlich näher mit den Papageien und Sperlingsvögeln als mit den (übrigen) Greifvögeln verwandt sind. Die beiden großen Gruppen wurden also geteilt und zu jeweils eigenen Ordnungen im Stammbaum der Vögel.

Als Beutegreifer überschneiden sich viele ökologische Eigenschaften und Probleme der Falken mit denen der Greifvögel, und so fällt die Trennung der beiden Gruppen im Sprachgebrauch oft schwer. Die Falken haben genauso von allgemeinen Maßnahmen profitiert, die auch Greifvögeln bessere Lebensbedingungen in Mitteleuropa verschafften. Außerdem wurden manchen bedrohten Falkenarten viel Aufmerksamkeit und spezielle Schutzbemühungen zuteil, die Bestände einst vom Aussterben bedrohter Arten wieder erstarken ließen. —

Der Rotfußfalke brütet, wie auch der Sakerfalke, im deutschsprachigen Raum nur im östlichsten Österreich. Er zählt hier, mit einem Bestand von höchstens sechs Paaren, wieder zu den seltensten Brutvögeln – zwischenzeitlich war er sogar ganz verschwunden. Im Herbst verlassen Rotfußfalken Europa, da sie sich von Insekten ernähren. Sie ziehen bis in die südlichsten Bereiche Afrikas und kehren ab April wieder zurück. Besonders dann treten sie als Durchzügler auch andernorts in Erscheinung.

Der seltene Sakerfalke oder Würgfalke kommt vom flachen Nordosten Österreichs ostwärts vor. Wie alle Falken baut auch er kein Nest, ist also auf vorhandene Strukturen angewiesen, um zu brüten. Mit der Schaffung von speziellen Nisthilfen in Hochspannungsmasten, die besonders sicher und auch für Nesträuber unerreichbar sind, konnte der österreichische Bestand des Sakerfalken in den vergangenen Jahrzehnten auf etwa 50 Brutpaare erhöht werden. Wie ursprünglich in ungenutzten Horsten von Mäusebussarden oder Krähen brüten in Österreich heute nur mehr vereinzelte Paare.

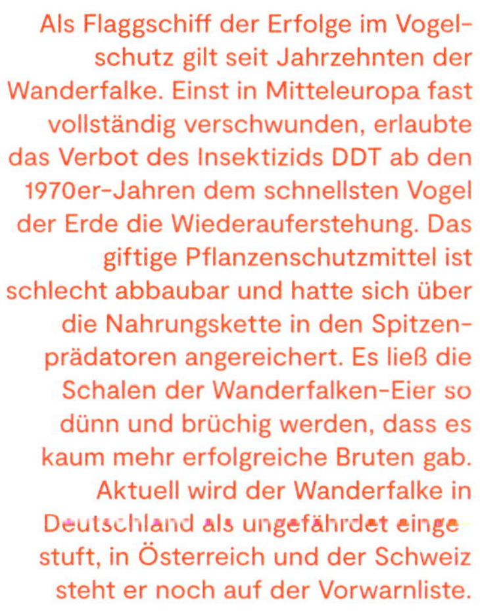

Als Flaggschiff der Erfolge im Vogelschutz gilt seit Jahrzehnten der Wanderfalke. Einst in Mitteleuropa fast vollständig verschwunden, erlaubte das Verbot des Insektizids DDT ab den 1970er-Jahren dem schnellsten Vogel der Erde die Wiederauferstehung. Das giftige Pflanzenschutzmittel ist schlecht abbaubar und hatte sich über die Nahrungskette in den Spitzenprädatoren angereichert. Es ließ die Schalen der Wanderfalken-Eier so dünn und brüchig werden, dass es kaum mehr erfolgreiche Bruten gab. Aktuell wird der Wanderfalke in Deutschland als ungefährdet eingestuft, in Österreich und der Schweiz steht er noch auf der Vorwarnliste.

Dank verminderter Bejagung und gezielter Schutzmaßnahmen haben sich die Bestände vieler Greifvogelarten erholt (siehe S. 224). Das ruft leider Menschen auf den Plan, die damit keine Freude haben. Illegale Tötungen von Mäusebussard (links), Rohrweihe (rechts), Seeadler (unten) und anderen sind auch in Mitteleuropa wieder an der Tagesordnung. Bussarde, Weihen und Adler werden verdächtigt, die Bestände von jagdbarem Wild wie Feldhase, Rebhuhn oder Fasan zu beeinträchtigen.

Mitte der 1960er-Jahre brüteten in Deutschland nur noch sieben Paare des Seeadlers, in Österreich war er bis 2001 als Brutvogel ausgestorben. Ihm ist das Comeback gelungen: Deutschland beherbergt wieder fast 1000 und Österreich rund 45 Brutpaare.

Obwohl Habichte mancherorts sogar in die Städte vorrücken, sind die scheuen Waldvögel in weiten Teilen Deutschlands, Österreichs und der Schweiz weiterhin nur selten zu sehen. Die Bestände scheinen auf niedrigem Niveau stabil zu sein.

Die Kornweihe kennen wir in Mitteleuropa vor allem als Durchzügler und Wintergast aus nördlichen Gebieten. Um ihre kleinen Brutvorkommen ist es hier bei uns schlecht bestellt: Der deutsche Brutbestand ist auf eine Handvoll zusammengeschrumpft. In Österreich und der Schweiz brüten Kornweihen ohnehin nur unregelmäßig und in verschwindend kleiner Zahl.

Europaweit nehmen die Brutbestände der Wiesenweihe stark ab. In Deutschland fruchteten Schutzbemühungen für den schlanken Jäger hingegen, und ihre Brutbestände zeigen eine positive Entwicklung.

SEINE MAJESTÄT ZURÜCK IN ÖSTERREICH: DER KAISERADLER

IM PORTRÄT

Die strohfarbenen, gestreiften Jungtiere des Kaiseradlers (links) unterscheiden sich deutlich von den schwarzbraunen Altvögeln mit dem beigen Nacken.

Im Jahr 1999 brütete der Kaiseradler, erstmals nach seinem Verschwinden als Brutvogel, wieder in Österreich. Seit damals wuchs die Zahl der Brutpaare kontinuierlich auf heute bereits mehr als 30 an. Engagierte Schutzbemühungen sind dafür in hohem Maß mitverantwortlich.

Er ist etwas kleiner als der Steinadler und bevorzugt zur Jagd offene Ackerlandschaften im Tiefland. Seinen – im Vergleich zu anderen Adlern oft bescheidenen – Horst legt er auch auf Bäumen durchschnittlicher Größe, in Auwäldern genauso wie in kleinen Feldgehölzen und Windschutzstreifen an. Als klassische Nahrung im Pannonischen Raum gelten Ziesel und Feldhamster, die angesichts ihrer heutigen Seltenheit aber meist durch andere Säugetiere und Vögel mittlerer Größe ersetzt werden. Der vor seiner Rückkehr einzige, gesicherte Brutnachweis aus Österreich sollte zugleich der letzte für die nächsten 190 Jahre sein. Ein in den Wiener Donauauen lebendes Brutpaar und seinen Nachwuchs ereilte ein für diese Zeit typisches Schicksal: »Im Jahre 1811 entdeckte Herr Natterer auf der Insel Lobau den Horst eines Kaiseradlers. Die beiden Alten wurden geschossen und die jungen Vögel in die Menagerie zu Schönbrunn gebracht.«, heißt es in der *Ornis Vindobonensis* aus dem Jahr 1882. Schutzbemühungen in Ungarn und der Slowakei, wo die Art überlebt hatte, zeigten ab den 1980er-Jahren Erfolg, und die Brutgebiete rückten im Osten immer näher an Österreich heran. Ab den 1990ern wurden Kaiseradler wieder regelmäßig im Land gesehen und 1999 kam es zur ersten erfolgreichen Brut im Burgenland. Seither wurden Kaiseradler in den östlichsten Bundesländern, wo es warm und trocken ist, mehr und mehr zur regelmäßigen Erscheinung. Die meisten Paare brüten heute in Niederösterreich und dem Burgenland, einzelne wohl bald auch in Wien und Oberösterreich. Obwohl der Trend ein durchaus positiver ist, setzen teils vermeidbare Gefahren den Kaiseradlern immer noch zu. Todesfälle durch Vergiftung und Abschuss kommen regelmäßig, Kollisionen mit Windrädern und Zügen, sowie Stromschlag zumindest vereinzelt vor. Die starke, westwärts gerichtete Ausbreitung bremste sich im weniger geeigneten Hügelland ein, ist aber noch nicht zu Ende. Immer öfter erkunden junge Kaiseradler aus dem Flachland nun den Alpenraum – Nachweise gelangen auch in Kärnten, der Steiermark, dem äußersten Osten Tirols, und sogar mit den Geiern in den Salzburger Hohen Tauern hat er schon Bekanntschaft gemacht. Auch in Deutschland wurden in den vergangenen Jahren immer wieder Kaiseradler gesichtet, und eine Brutansiedelung ist dort vielleicht nur noch eine Frage der Zeit. —

»Der Horst selbst ist nicht groß, für das Körpermaß des Thieres selbst auffallend unbedeutend, und – ich möchte sagen – schleuderisch gebaut.«

August von Pelzeln in den *Mittheilungen des Ornithologischen Vereines in Wien*, 1878.

Bartgeier-Dame Alexa wurde 1988 in Gefangenschaft geboren und im selben Sommer im Salzburger Krumltal ausgewildert. Bis 2021 hat sie dort sieben Jungvögel großgezogen.

Wilde Gänsegeier aus südlichen Populationen suchen die Alpen im Sommer auf.

BEOBACHTUNGSTIPP: DAS TAL DER GEIER

Wer gleich drei der größten Greifvögel Mitteleuropas an einem Tag beobachten will, darf sich eine Wanderung in das Salzburger Krumltal, Teil des Nationalpark Hohe Tauern, nicht entgehen lassen. Ab etwa Juni, mit dem Beginn der Almwirtschaft, kehren die Gänsegeier (hier auch als »Weißkopfgeier« bekannt) zurück in die Hohen Tauern. Vor allem jüngere Vögel aus Kroatien und Italien verbringen hier gerne ihre Sommerfrische. Die Tiere ziehen in den Alpen umher und kommen immer wieder an nahrungsreiche Orte zurück. Eine weitere Attraktion sind die riesigen Bartgeier. Ein Brutpaar des 1986 gestarteten, alpenweiten Wiederansiedlungsprojektes lebt im Krumltal und zieht hier seit 2010 fast jedes Jahr einen Jungvogel groß, der bis Mitte Juli ausfliegt. Die leichte Wanderung vom Parkplatz durch das Tal bis zur bewirtschafteten Bräualm benötigt etwa 1,5 Stunden. Entlang dieser Strecke erscheinen mit etwas Glück auch noch Steinadler in der Luft.

Direkt vom Wanderweg aus gelingen im Krumltal eindrucksvolle Greifvogel-Beobachtungen. Neben den übersommernden Gänsegeiern und Steinadlern ist hier auch ein Bartgeier-Paar zu sehen, das in den Felswänden brütet.

GREIFVÖGEL AM HIMMEL

Zur Artbestimmung von Greifvögeln müssen oft Gefiederdetails erkannt werden. Die Zuordnung zu einer der Gruppen gelingt aber bereits anhand der Silhouette.

der »Rüttelflug« ist v. a.
für den Turmfalken typisch

Flügel
zugespitzt

TURMFALKE

FALKEN
–
Falco

Flügel lang mit vier
oder fünf »Fingern«

segelt mit V-förmig
angehobenen Flügeln

ROHRWEIHE

♂

Schwanz lang
und gerundet

WEIHEN
–
Circus

♀

Flügelspitze stumpf,
leicht gefingert

Hinterrand
geschwungen

HABICHT

Schwanz lang
und gerundet

HABICHT UND SPERBER
–
Accipiter

SCHWARZ-
MILAN

MILANE
–
Milvus

gegabelter
Schwanz

Hinterrand
geschwungen

MÄUSEBUSSARD

Schwanz und
Schwungfedern gebändert

gerundeter
Schwanz

BUSSARDE
–
Buteo und Pernis

stumpfe Flügel mit
fünf kurzen »Fingern«

QUELLEN

Bücher & Fachartikel (Auswahl)

Adametz, E. (1951): Eine neue Wildtaubenart für die österreichische Vogelwelt. Carinthia II 141_61: 105–110.

BirdLife Österreich (2016): V.i.A – Vogelzug im Alpenraum – Abschlussbericht. Heruntergeladen von www.zobodat.at am 23.11.2021

Briedis, M., Hahn, S., Krist, M. & P. Adamík (2018): Finish with a sprint: Evidence for time-selected last leg of migration in a long-distance migratory songbird. Ecology & Evolution 8/14.

Bruderer, B. & L. Jenni (1990): Bird Migration Across the Alps in: Bird Migration.

Gluth von Blotzheim, U. N. & K. M. Bauer (Hrsg.; 1999): Handbuch der Vögel Mitteleuropas. Aula-Verlag, Wiesbaden.

Graf, R. & L. Bitterlin, (2015): Alpenkrähe in den Ostalpen – Vorstudie im Hinblick auf ein Artenförderprojekt. Monticola 107: 5–34.

Gressl, H. (2011): Das Rotsternige Blaukehlchen (Luscinia svecica svecica) in Salzburg und in den Alpen. Berichte der Naturwissenschaftlich-Medizinischen Vereinigung in Salzburg 16: 33–85.

Khil, L. (2015): Important factors for predation of northern lapwing Vanellus vanellus nests in a central European lowland pasture system. Master thesis, University of Vienna.

Khil, L. (2018): Vögel Österreichs. Kosmos, Stuttgart.

Khil, L. (2021): Handbuch Vögel beobachten. Kosmos, Stuttgart.

Marschall, A. F. & A. v. Pelzeln (1882): Ornis Vindobonensis.

Neumann, C. (2015): Zeigt her eure Füße: Thermoregulation beim Mauersegler (Apus apus). Der Falke 62/9: 28-29.

Niederwolfsgruber, F. (1987-1991): Über den Bestand des Steinadlers Aquila chrysaetos in Österreich. Monticola 6: 127–130.

von Pelzeln A. (1878): Mittheilungen des Ornithologischen Vereines in Wien. Jg. 2, Nr. 10.

Ranner, A. (2006): Die aktuelle Situation des Kaiseradlers (Aquila heliaca) in Österreich. Greifvögel & Eulen in Österreich: 27-35.

Resano-Mayor, J., Bettega, C., Delgado, M., Fernández-Martín, A., Hernández-Gómez, S., Toranzo, I., España, A., de Gabriel Hernando, M., Roa-Alvarez, I., Gil, J., Strinella, E., Hobson, K., Arlettaz, R. (2020): Partial migration of White-winged snowfinches is correlated with winter weather conditions. Global Ecology and Conservation 24.

Rössler, M. & C. Schauer (2014): Nächtlicher Vogelzug über den Ostalpen. Der Ornithologische Beobachter 111/3: 173–185.

Sackl, P. & O. Samwald (Hrsg. 1997): Atlas der Brutvögel der Steiermark. BirdLife Österreich – Landesgruppe Steiermark, austria medien service und Landesmuseum Joanneum Zoologie, Graz.

Sontag, W. A. (2016): Gefiederte Lebenswelten – Das endlose Band der Ornithologie. Media Natur Verlag, Minden.

Sumasgutner, P., Nemeth, E., Tebb, G., Krenn, H., & A. Gamauf (2014): Hard times in the city – attractive nest sites but insufficient food supply lead to low reproduction rates in a bird of prey. Frontiers in Zoology 11:48.

Teufelbauer, N., Seaman, B. & M. Dvorak (2017): Bestandsentwicklungen häufiger österreichischer Brutvögel im Zeitraum 1998–2016 – Ergebnisse des Brutvogel-Monitoring. Egretta 55: 43–76.

Weidinger, K. & M. Král (2007): Climatic effects on arrival and laying dates in a long-distance migrant, the Collared Flycatcher Ficedula albicollis. Ibis 149: 836–847.

Webseiten

birdlife.at
birdsoftheworld.org
dda-web.de/vid-online
lbv.de
nabu.de
ornitho.at
ornitho.ch
ornitho.de
ornitho.it
vogelwarte.ch
wwf.at/tierarten/seeadler

KUCKUCK
–
Cuculus canorus

HAUBEN-
LERCHE
–
Galerida cristata

1. Auflage

Gesetzt aus der GT Alpina und Moderat

Medieninhaber, Verleger und Herausgeber:
Red Bull Media House GmbH
Oberst-Lepperdinger-Straße 11–15
5071 Wals bei Salzburg, Österreich

Umschlaggestaltung, Design und Satz: wir sind artisten

Umschlag- und Innenteilbilder: Leander Khil, außer: S. 17: Swarovski Optik, S. 28 (2. Reihe rechts): Nature Photographers Ltd / Alamy Stock Foto, S. 45 (unten): gettyimages/Sandra Standbridge, S. 49 (oben) u. 192: Jan Sereth Larsen @sereth.photography, S. 55 (03): imageBROKER / Alamy Stock Foto, S. 55 (05): Karl Ander Adami / Alamy Stock Foto, S. 57 (links): Nature Picture Library / Alamy Stock Foto, S. 80 u. 83 (rechts unten): mauritius images/ ClickAlps, S. 81: Jussi Murtosaari/naturepl.com, S. 89 (oben): goodbirding.ch, S. 90: McPhoto/Trunk / Alamy Stock Foto, S. 214: Arterra Picture Library / Alamy Stock Foto, S. 223 (rechts oben): mauritius images / Stefan Huwiler / imageBROKER, S. 230: agefotostock / Alamy Stock Foto, S. 231 (oben): AGAMI Photo Agency / Alamy Stock Foto

Illustrationen: Szabolcs Kókay, www.kokay.hu

Printed in Slovakia by Neografia
ISBN 978-3-7104-0283-8